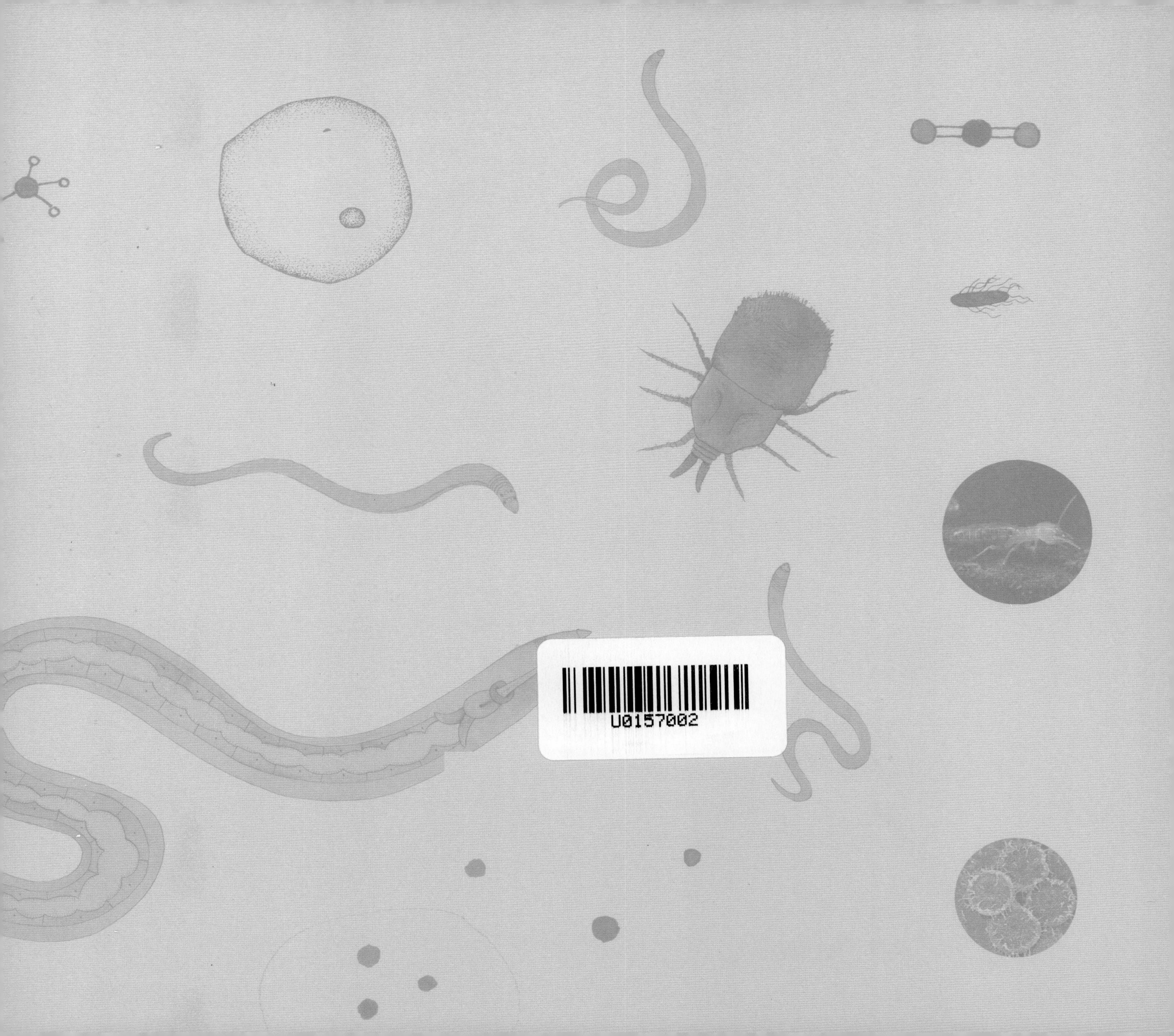
U0157002

我的微生物朋友

土壤里的王国

[澳]艾尔莎·怀尔德 著　[澳]阿维娃·里德 绘　兆新 译

[澳]布里奥妮·巴尔　[澳]格里高利·克罗塞蒂　[美] S.帕特里夏·斯托克教授 联合策划

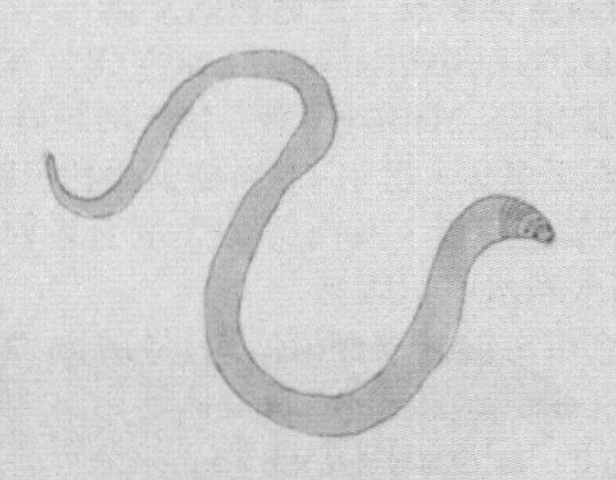

中国水利水电出版社
www.waterpub.com.cn
·北京·

内 容 提 要

本书通过生活在黑暗土壤中的微生物如何帮助一棵树的故事，讲述了微生物和更大的生命形式之间的共生关系，让孩子轻松了解土壤中微生物的知识，感受小小生命不可思议的力量。

图书在版编目（CIP）数据

我的微生物朋友. 土壤里的王国 / (澳) 艾尔莎·怀尔德著 ; (澳) 阿维娃·里德绘 ; 兆新译. -- 北京 : 中国水利水电出版社, 2020.6 (2021.10重印)
ISBN 978-7-5170-8636-9

Ⅰ. ①我… Ⅱ. ①艾… ②阿… ③兆… Ⅲ. ①土壤微生物—儿童读物 Ⅳ. ①Q939-49

中国版本图书馆CIP数据核字(2020)第106357号

书　　名	我的微生物朋友　土壤里的王国 WO DE WEISHENGWU PENGYOU　TURANG LI DE WANGGUO
作　　者	[澳] 艾尔莎·怀尔德 著　[澳] 阿维娃·里德 绘　兆新 译 [澳] 布里奥妮·巴尔　[澳] 格里高利·克罗塞蒂 [美] S.帕特里夏·斯托克教授 联合策划
出版发行	中国水利水电出版社 （北京市海淀区玉渊潭南路1号D座　100038） 网址：www.waterpub.com.cn E-mail：sales@waterpub.com.cn 电话：（010）68367658（营销中心）
经　　售	北京科水图书销售中心（零售） 电话：（010）88383994、63202643、68545874 全国各地新华书店和相关出版物销售网点
排　　版	北京水利万物传媒有限公司
印　　刷	郎翔印刷（天津）有限公司
规　　格	250mm × 220mm　12开本　4.5印张　27千字
版　　次	2020年6月第1版　2021年10月第2次印刷
定　　价	49.80元

两种不同的生物共同生活在一起，密切关联，互相依赖。倘若彼此分开，双方或其中一方就无法生存。

在过去的40多亿年里，微生物将地球塑造成了我们现在所熟悉和热爱的家园。这个生物圈里，有多种多样的生物，也有多种多样的地质条件，丰富极了。

通过一系列的共生体，微生物与地球上所有类型的生命合作，当然也有人类。大家一起创造了一个崭新的自然世界。虽然有的共生关系会造成一定的伤害，但大多数是有益的。

生命通过竞争得以进化，只是故事的一部分。其实啊，生命更多的是靠合作。

这本书的创作得到了澳大利亚微生物学会的支持

本书献给致力于粮食主权和可持续农业的

农民之路（La Via Campesina）

这是一种叫线虫的小虫子的故事。

它们很小很小，

10条线虫头尾相连，

都可以在这个圆圈里移动。

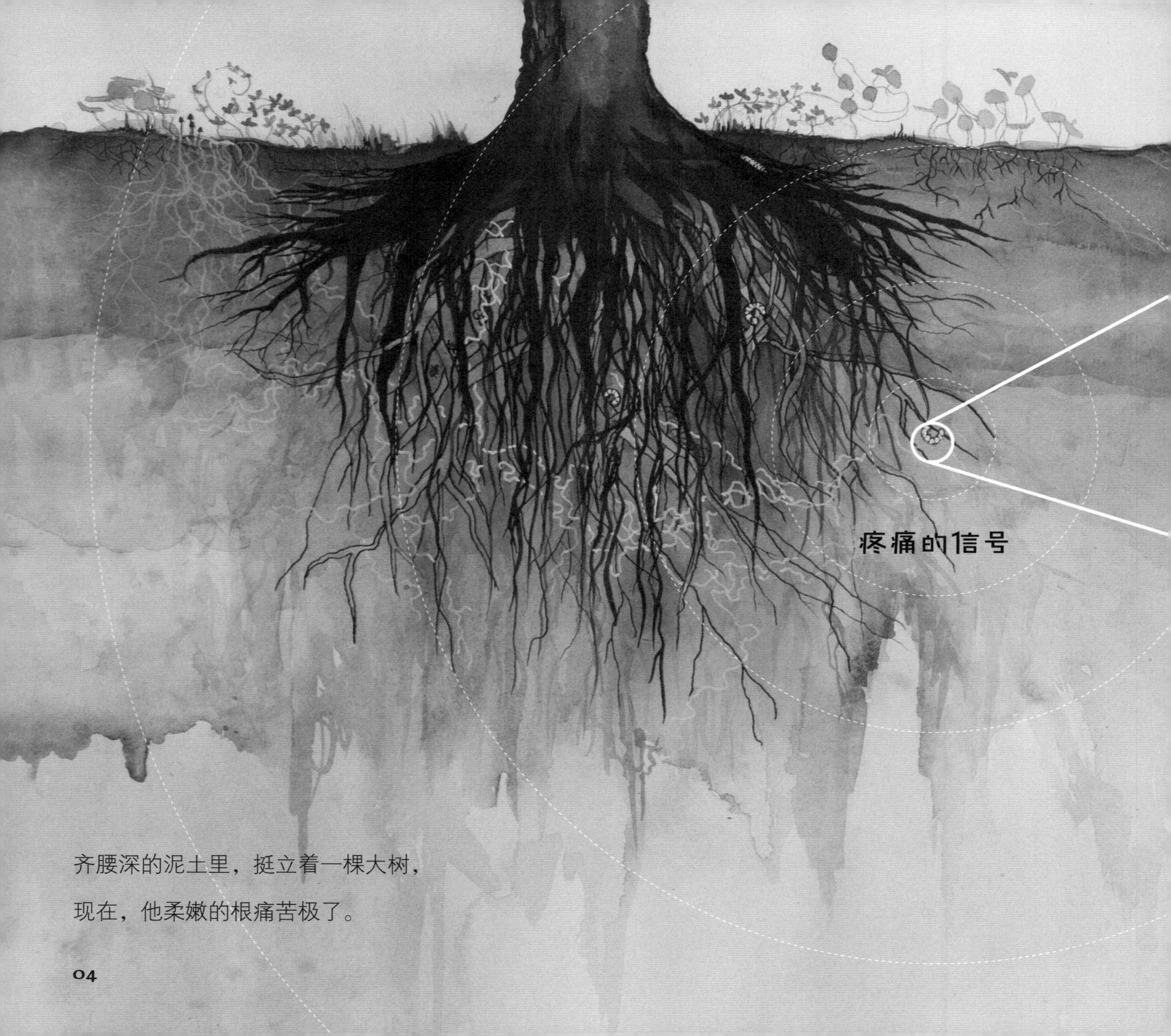

齐腰深的泥土里，挺立着一棵大树，

现在，他柔嫩的根痛苦极了。

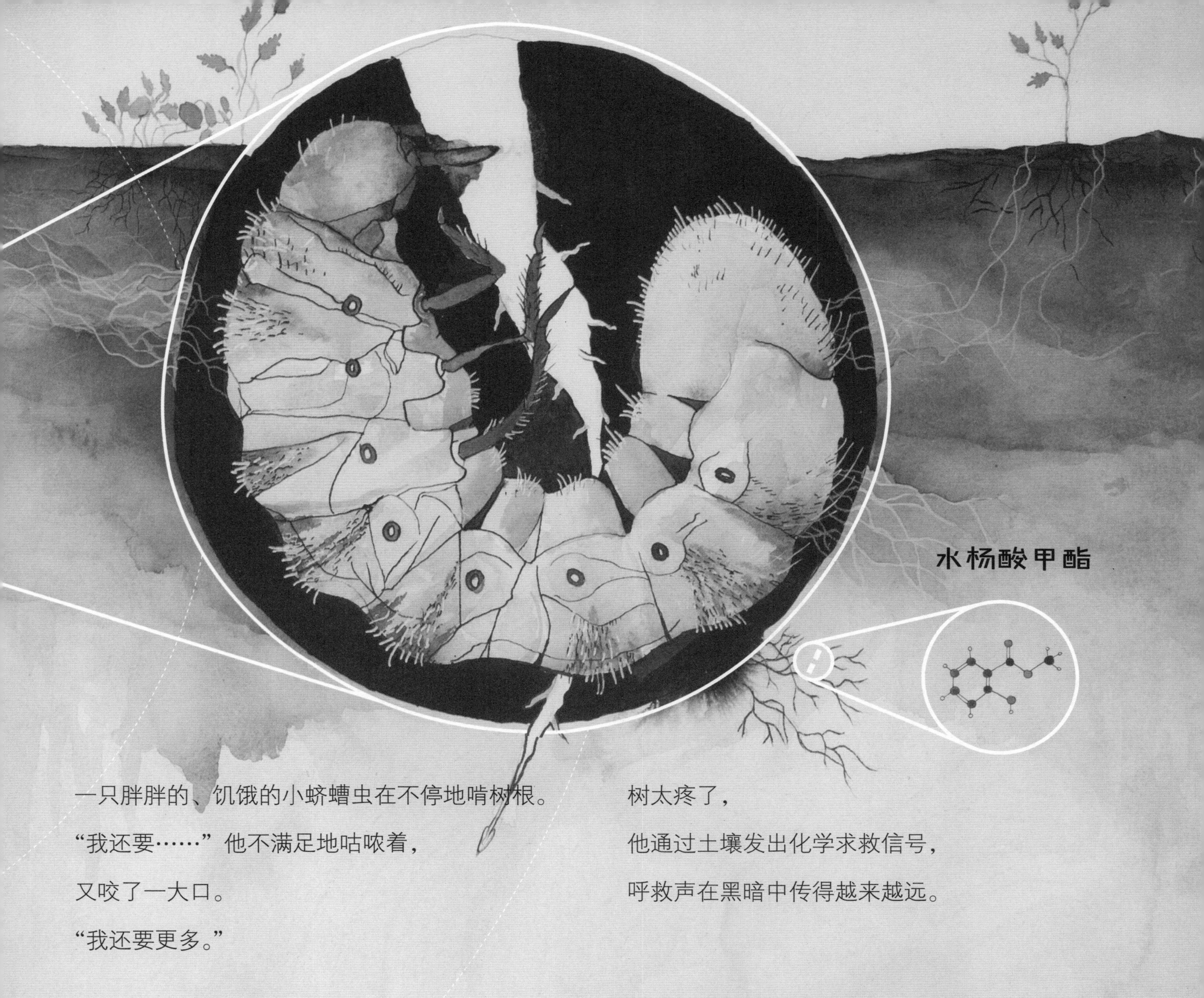

一只胖胖的、饥饿的小蛴螬虫在不停地啃树根。
“我还要……”他不满足地咕哝着，
又咬了一大口。
“我还要更多。”

树太疼了，
他通过土壤发出化学求救信号，
呼救声在黑暗中传得越来越远。

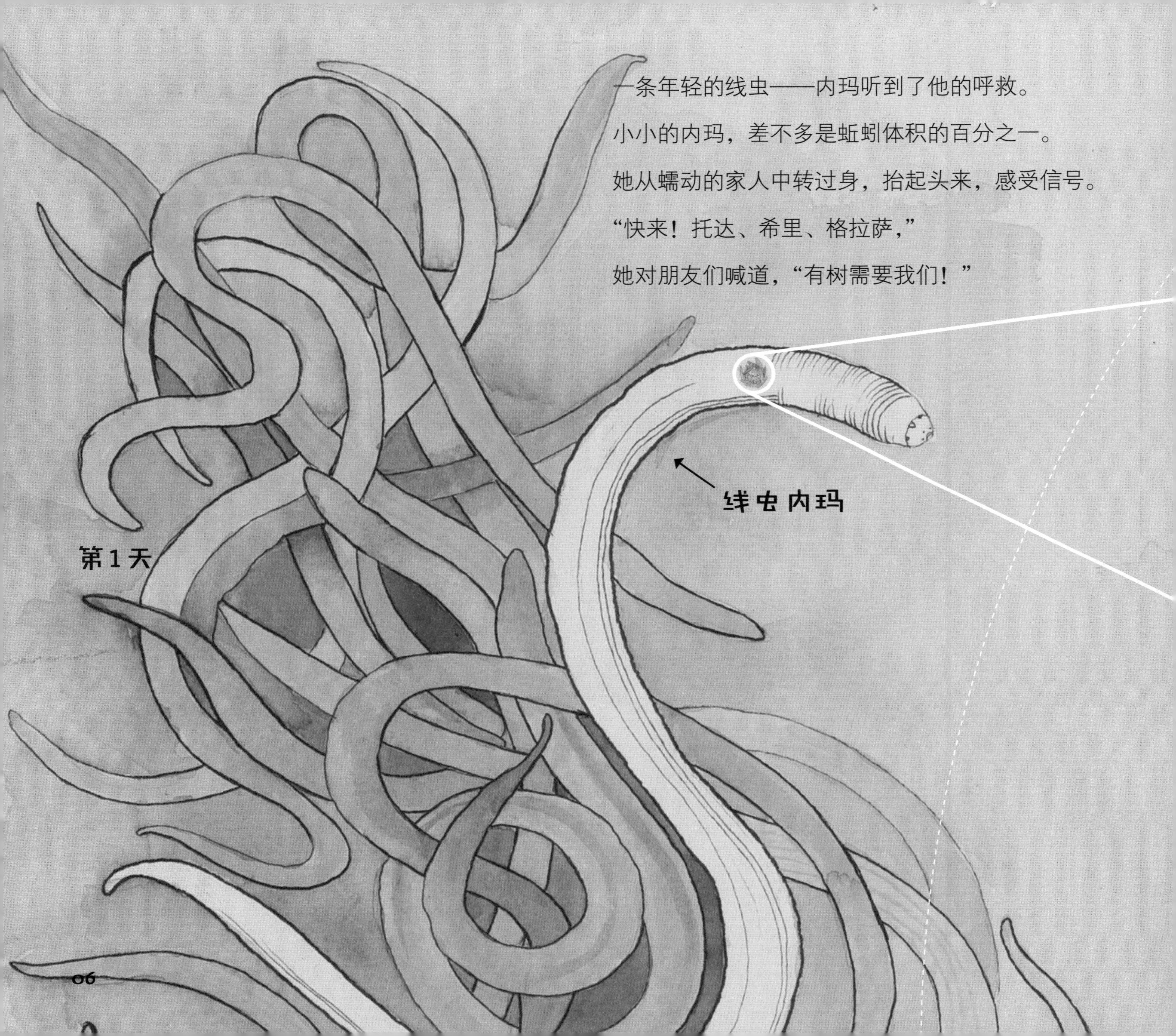

一条年轻的线虫——内玛听到了他的呼救。

小小的内玛，差不多是蚯蚓体积的百分之一。

她从蠕动的家人中转过身，抬起头来，感受信号。

“快来！托达、希里、格拉萨，”

她对朋友们喊道，“有树需要我们！”

每一条线虫都携带着迷你的乘客。

线虫的身体里，有一种叫作嗜线虫致病杆菌的共生菌，

他们随线虫一起旅行，哪里都少不了他们。

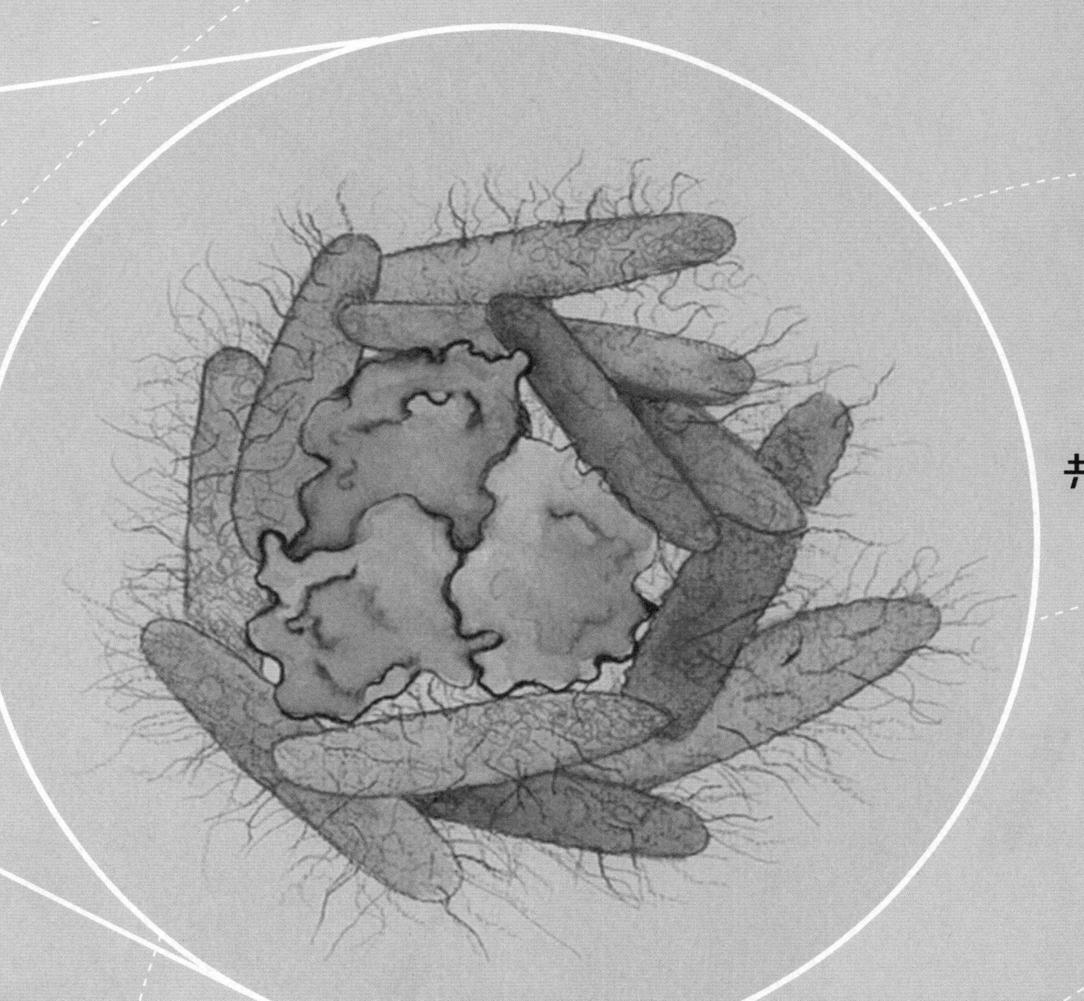

共生菌

“内玛，快走吧！”共生菌低声地催促，

“美餐在等着我们呢。”

内玛、托达、希里和格拉萨向着呼救信号出发啦！

他们来到一个富含腐殖质的土壤景观里。

哇，这个大峡谷像迷宫一样，而且到处都是裂缝和阴影。

他们在巨大的砂粒间蜿蜒前行，

一点一点地爬上一片叶子，就像爬上一座高耸的悬崖。

然后他们蜷起尾巴，跃过峡谷，

跳进了一滩水里。

一只饥饿的螨虫还威胁说要吃掉希里，

但她及时地逃开了。

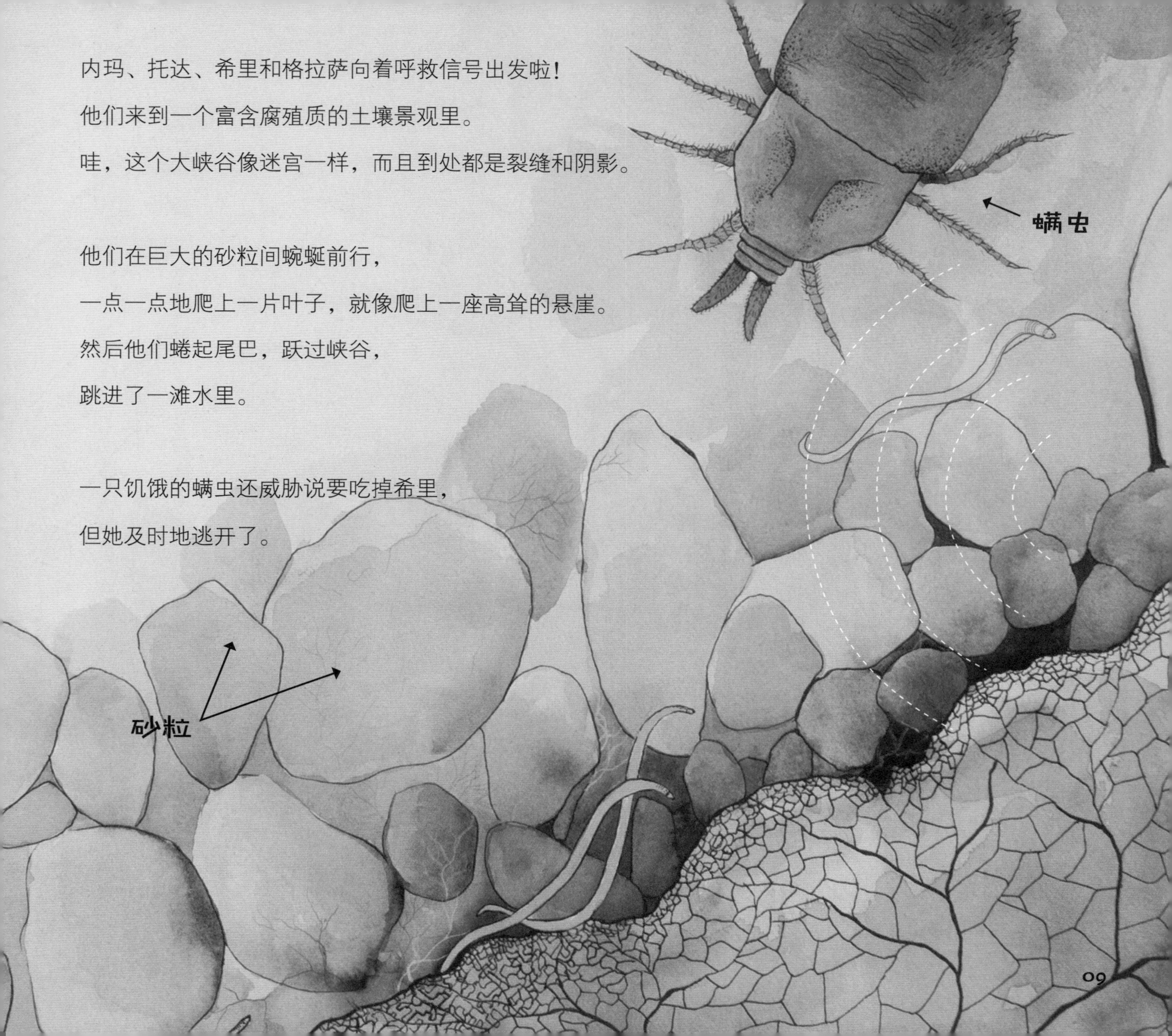

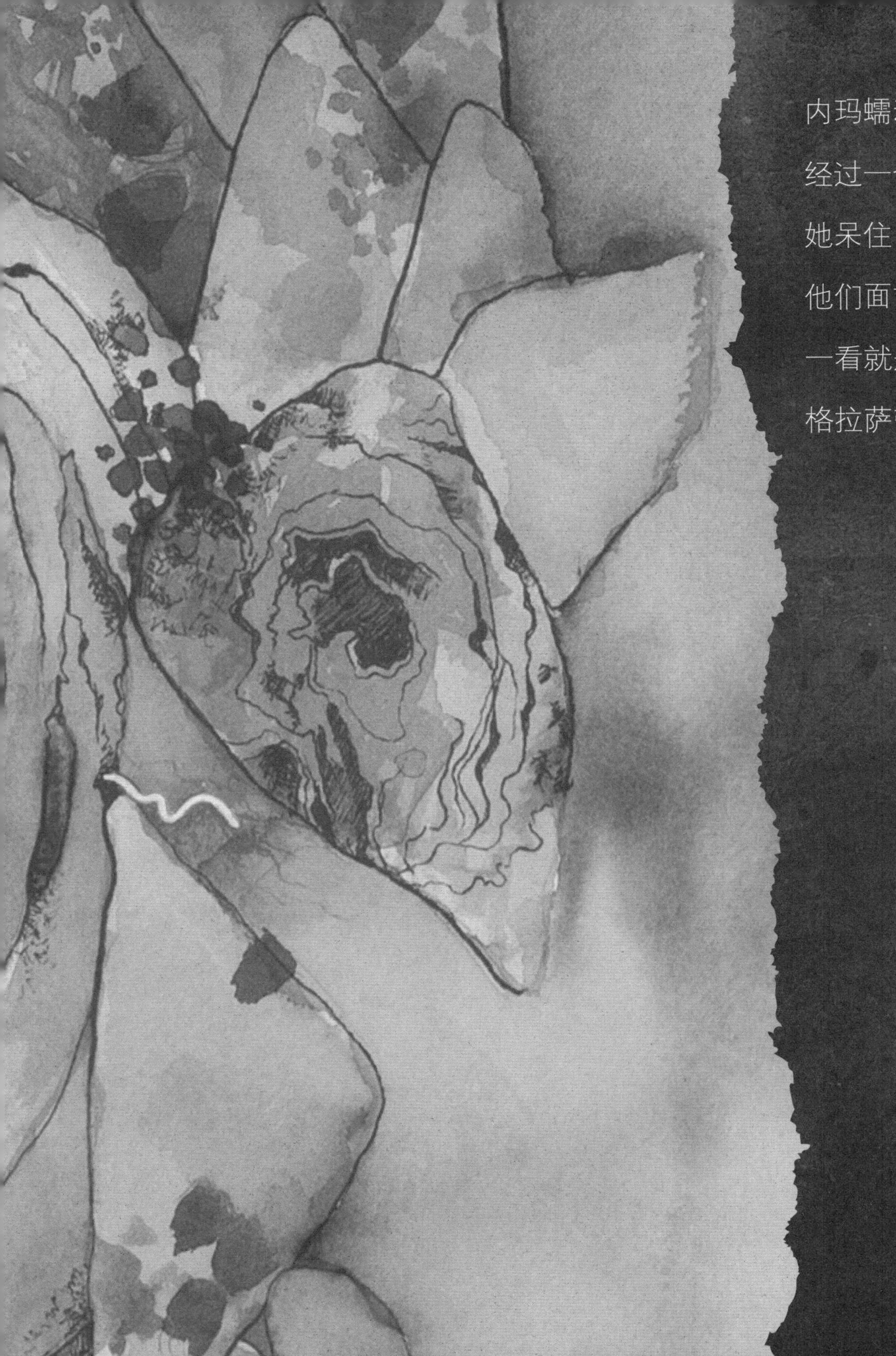

内玛蠕动着，

经过一个拐角时，

她呆住了。

他们面前是一条巨大的地道，

一看就是蚯蚓留下的。

格拉萨带领大家小心翼翼地穿过地道。

“哎呀呀呀！”
突然，格拉萨疼得直打滚。

他被一个捕食性真菌抓住了！
伙伴们想救他出来，
但是捕食性真菌太强大了。
内玛刚从另一个捕食性真菌手中侥幸逃脱。

“不要管我！”
格拉萨哽咽着，“你们保重……”
他的力气越来越小，越来越小，
到最后完全没法动弹了。

托达安慰内玛：“我们真的无能为力啊。”

捕食性真菌

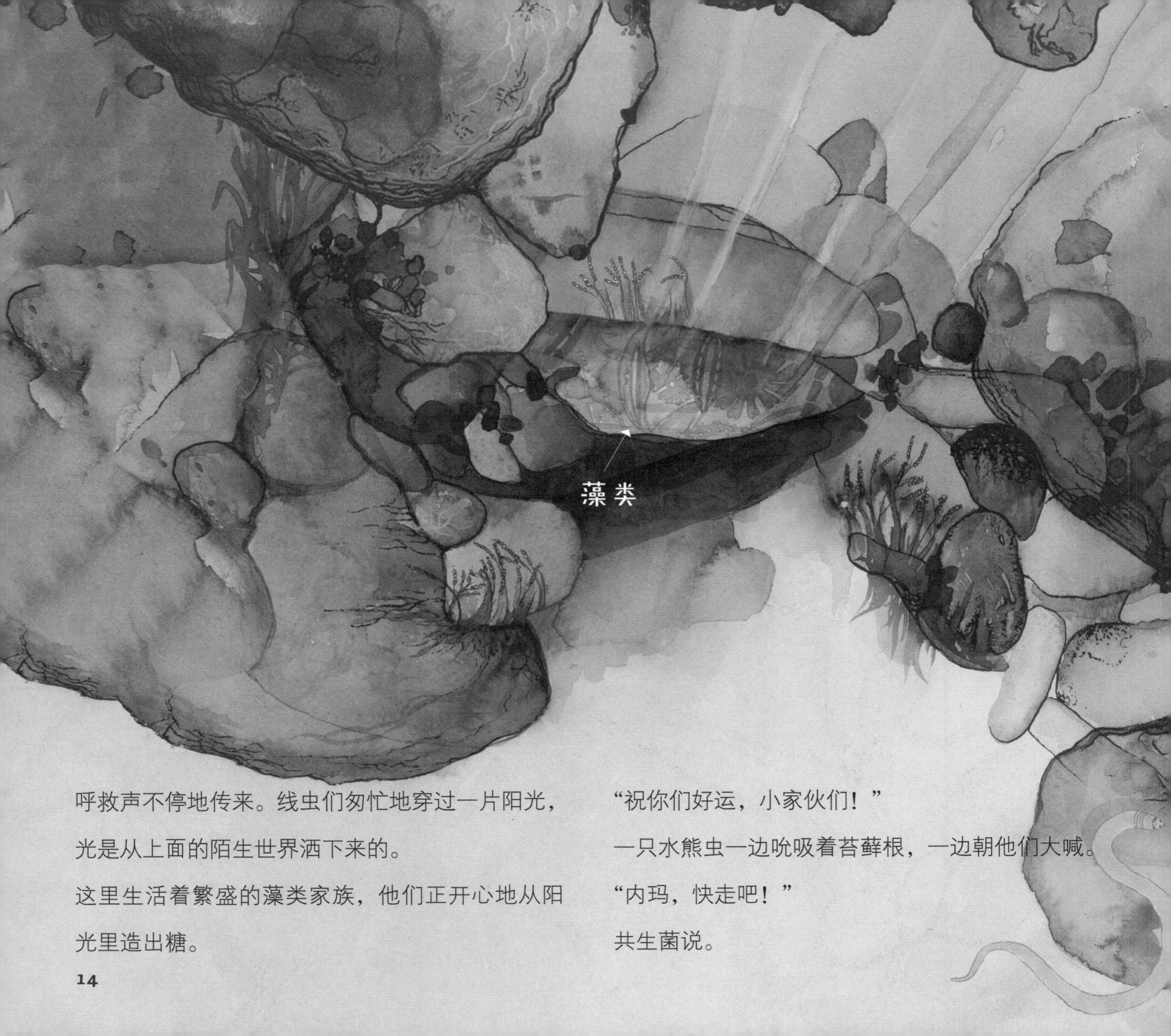

呼救声不停地传来。线虫们匆忙地穿过一片阳光，光是从上面的陌生世界洒下来的。

这里生活着繁盛的藻类家族，他们正开心地从阳光里造出糖。

“祝你们好运，小家伙们！”

一只水熊虫一边吮吸着苔藓根，一边朝他们大喊。

“内玛，快走吧！”

共生菌说。

水熊虫

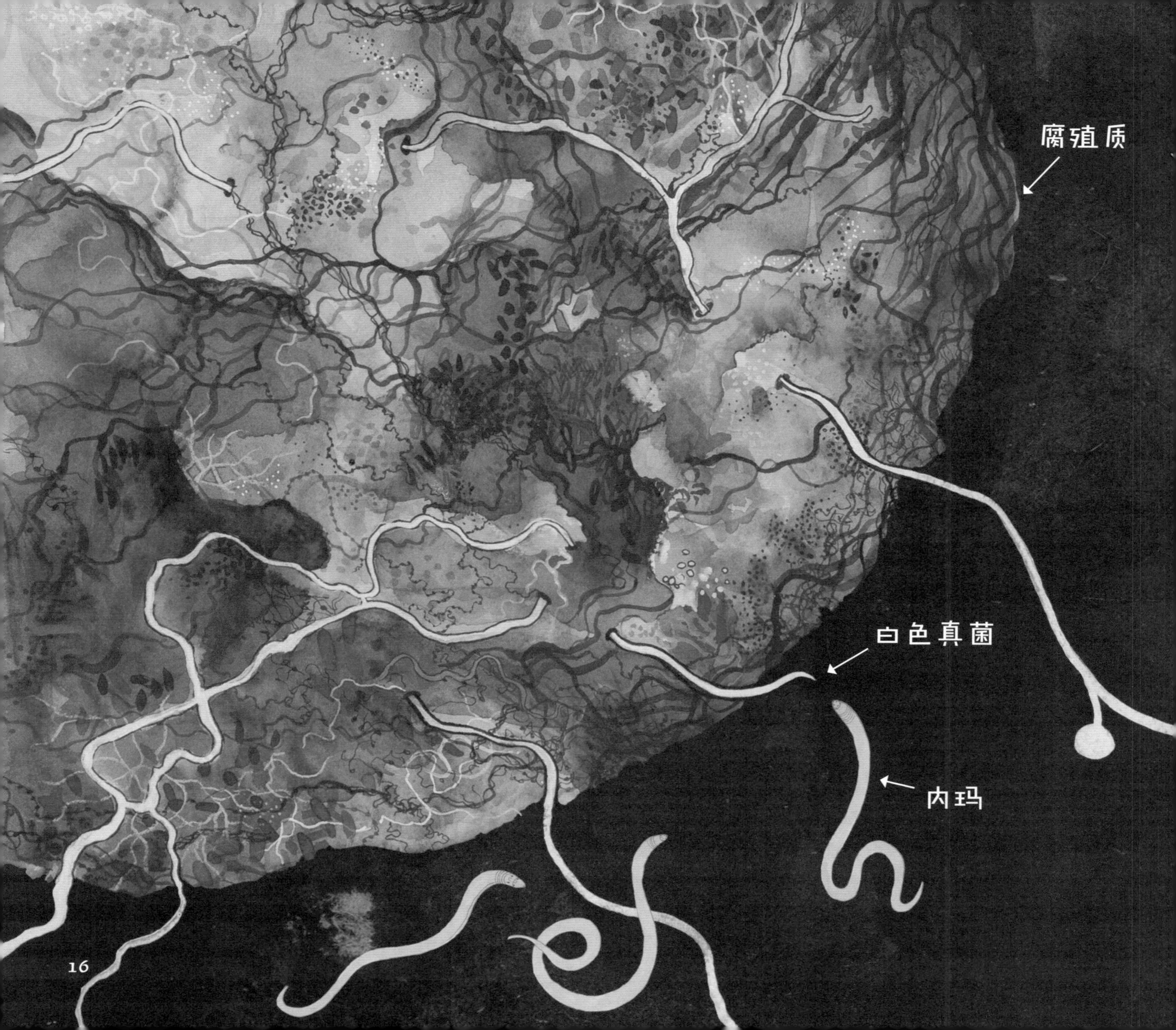

腐殖质

白色真菌

内玛

内玛停下来，

站在一个布满细菌的腐殖质面前，

细菌正忙着把物质分解和重建。

“打扰一下，”内玛问道，

“我们正在跟踪求救信号，它们是从这个方向传来的。”

细菌根本不理睬她。

这时，一个好心的白色真菌探出头来。

“你们找的是树根，”

他说，“跟我来。”

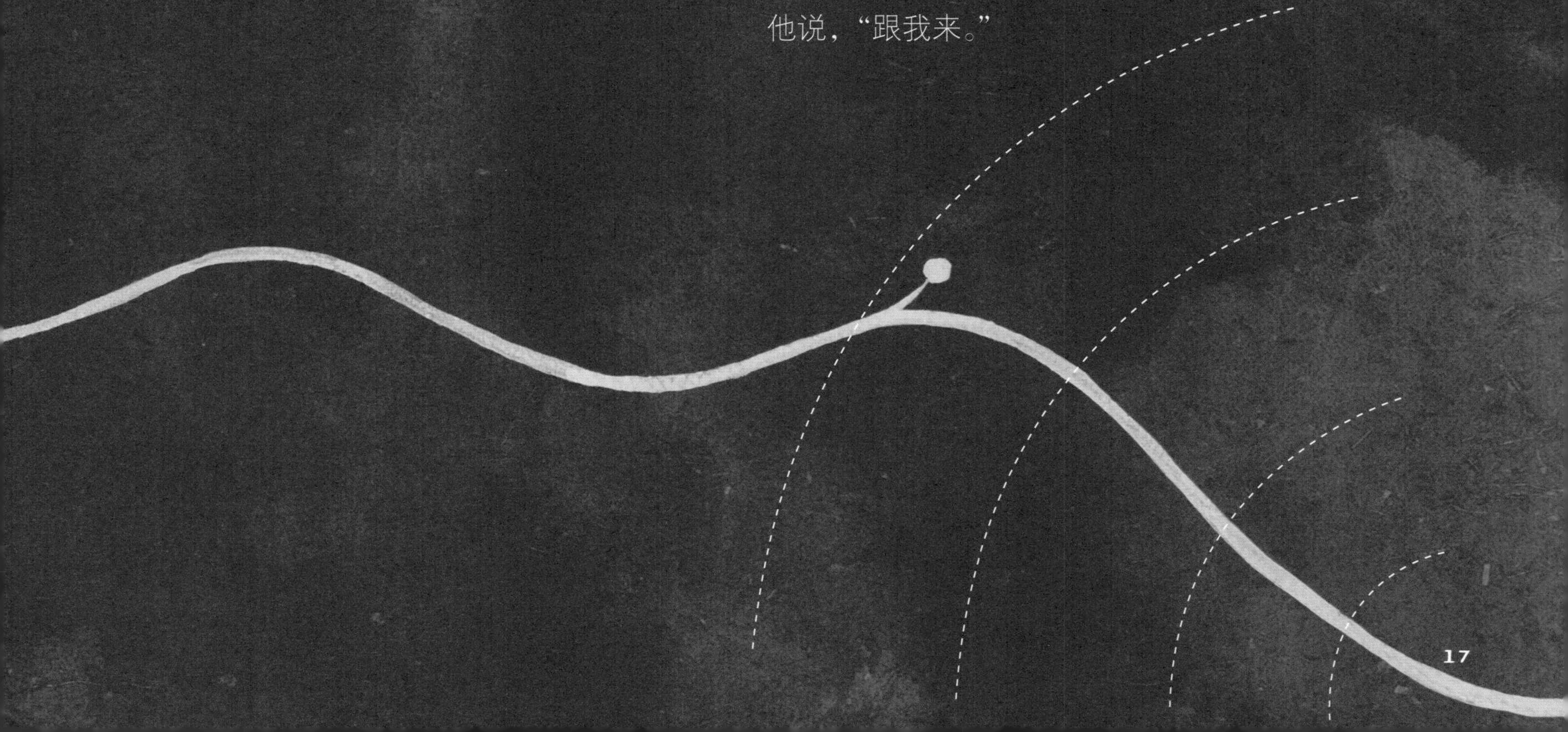

他们沿着白色真菌的菌丝向前追踪。

“就是这里。”

白色真菌钻进树根不见了。

他们停下来，这里的求救信号比任何地方都要清晰。

树根散发出新鲜的甜味，

微生物从四面八方奔来。

成群的细菌聚集在上面，

吞食着树根的水分。

它们在这里繁殖、死亡，

还喂养着生活在它们之间的原生动物。

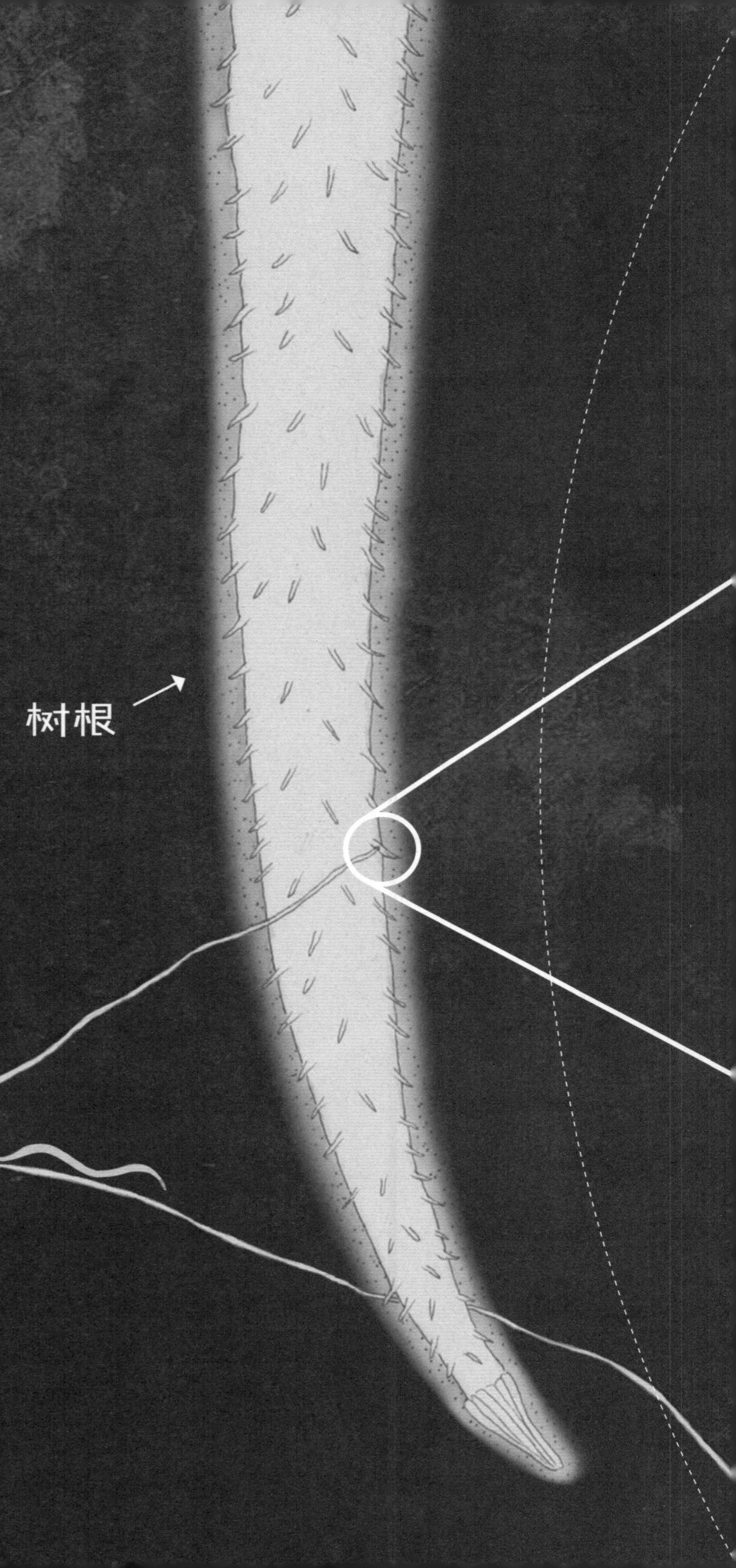

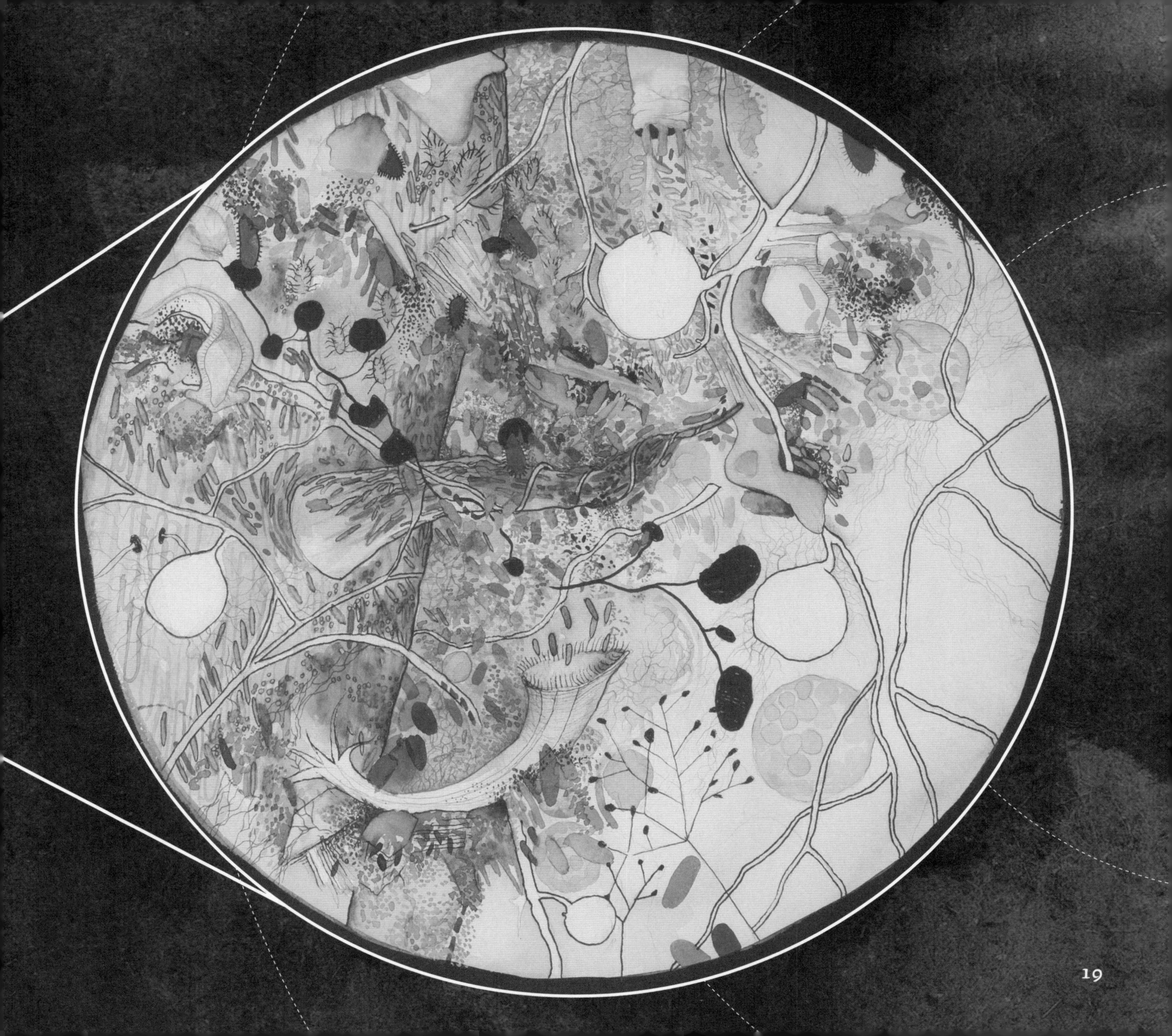

内玛体内，共生菌正在催促她前进。

共生菌携带着大量的化学武器，

随时准备发射。

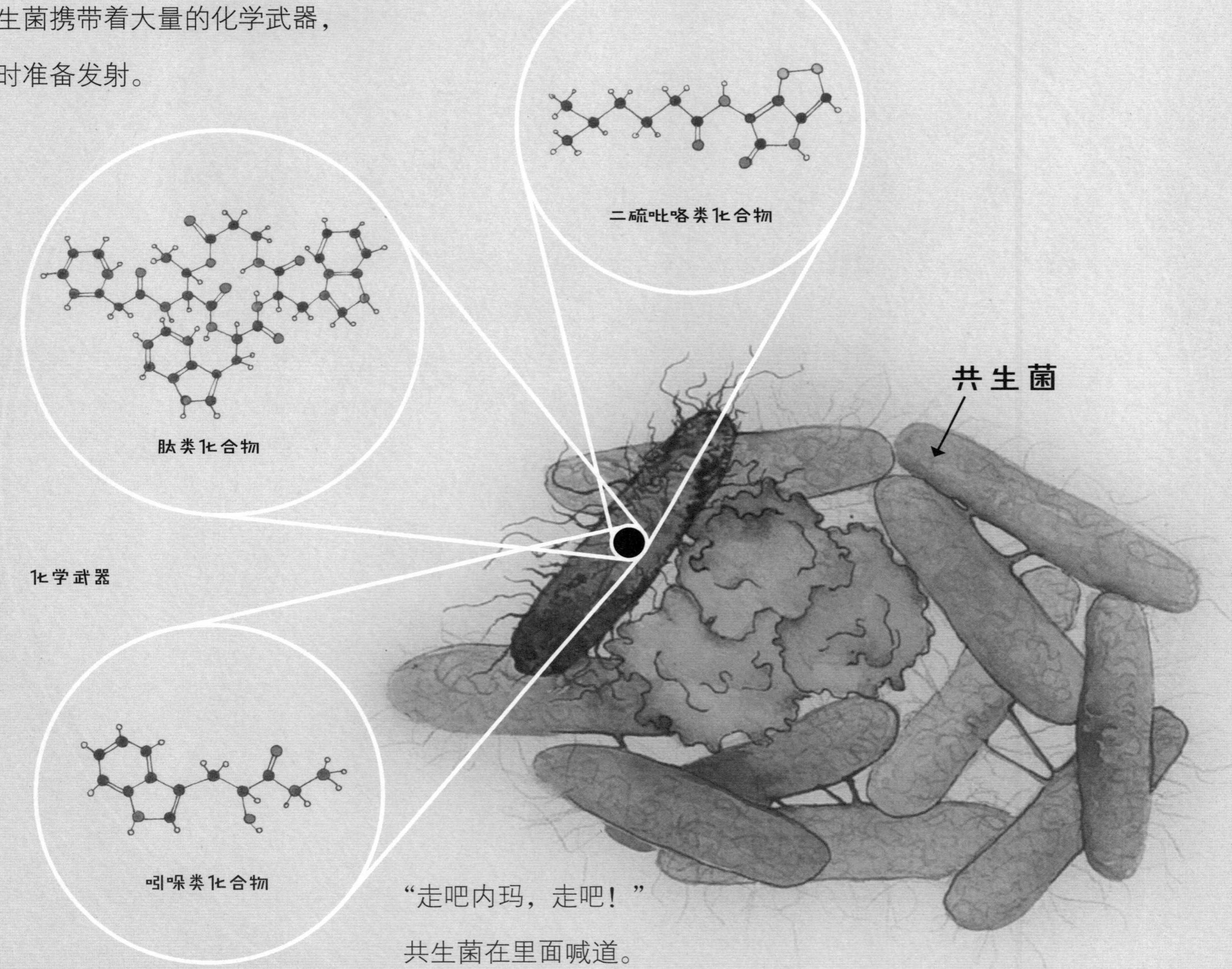

“走吧内玛，走吧！”

共生菌在里面喊道。

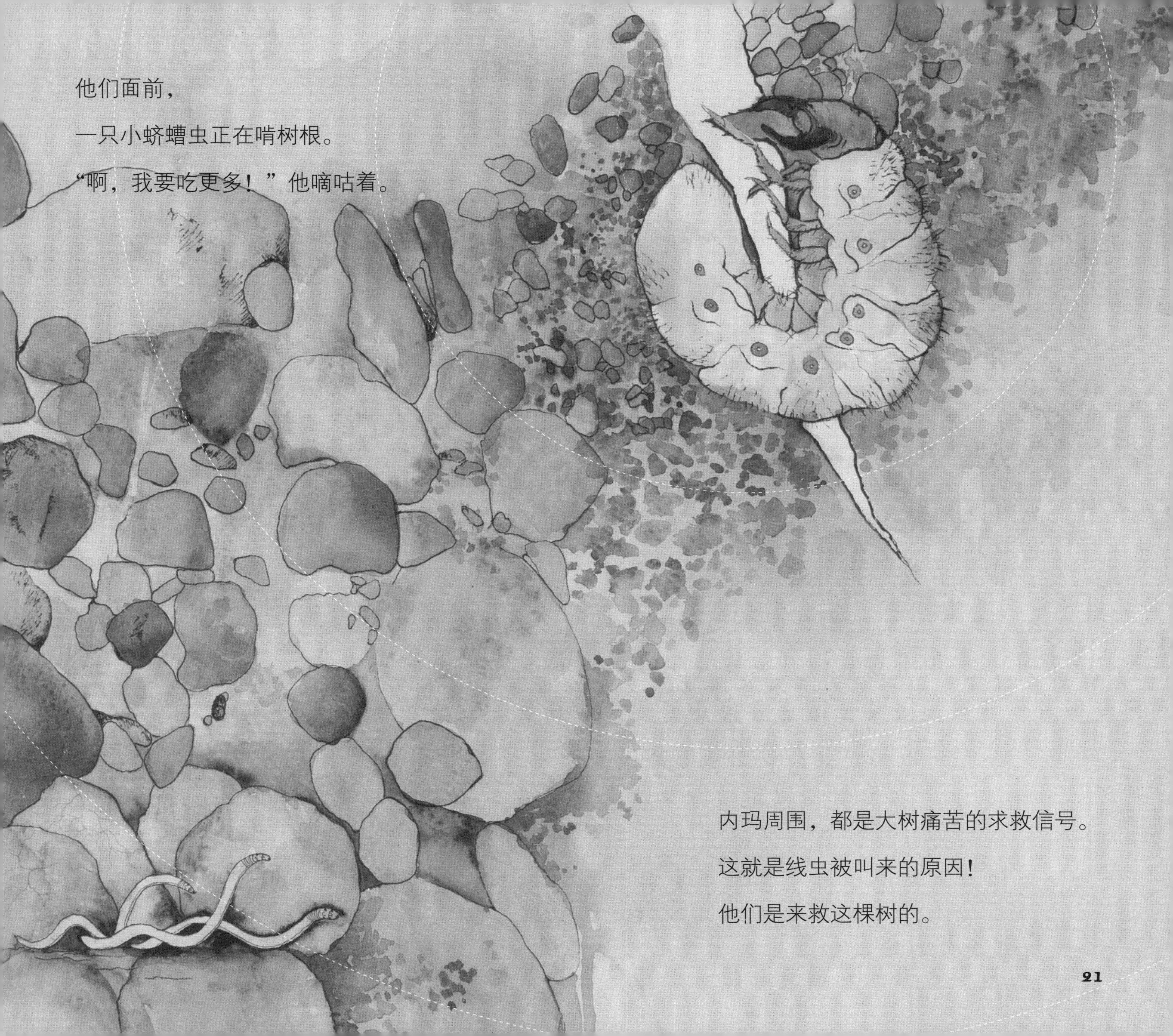

他们面前，

一只小蛴螬虫正在啃树根。

“啊，我要吃更多！”他嘀咕着。

内玛周围，都是大树痛苦的求救信号。

这就是线虫被叫来的原因！

他们是来救这棵树的。

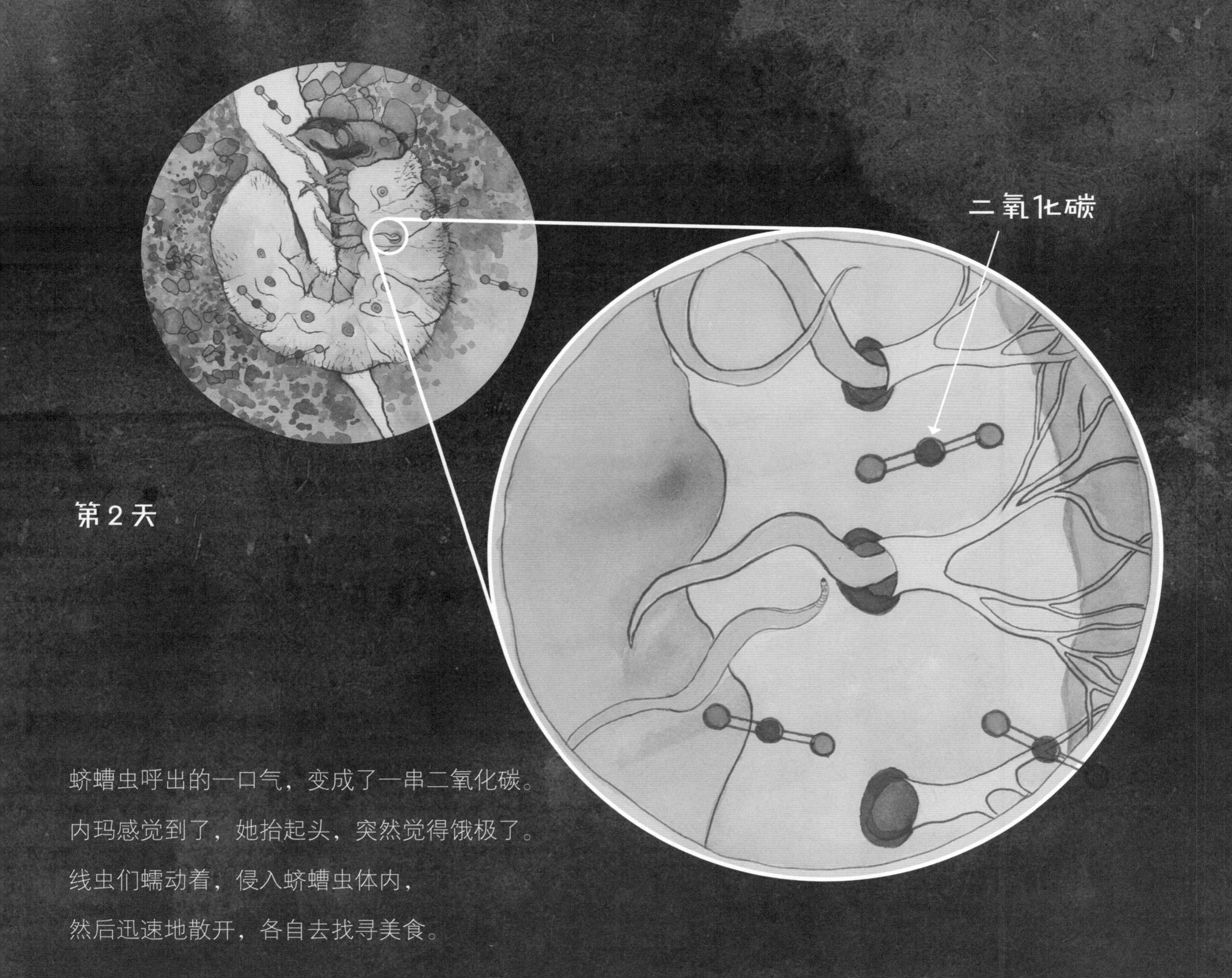

第 2 天

蛴螬虫呼出的一口气，变成了一串二氧化碳。

内玛感觉到了，她抬起头，突然觉得饿极了。

线虫们蠕动着，侵入蛴螬虫体内，

然后迅速地散开，各自去找寻美食。

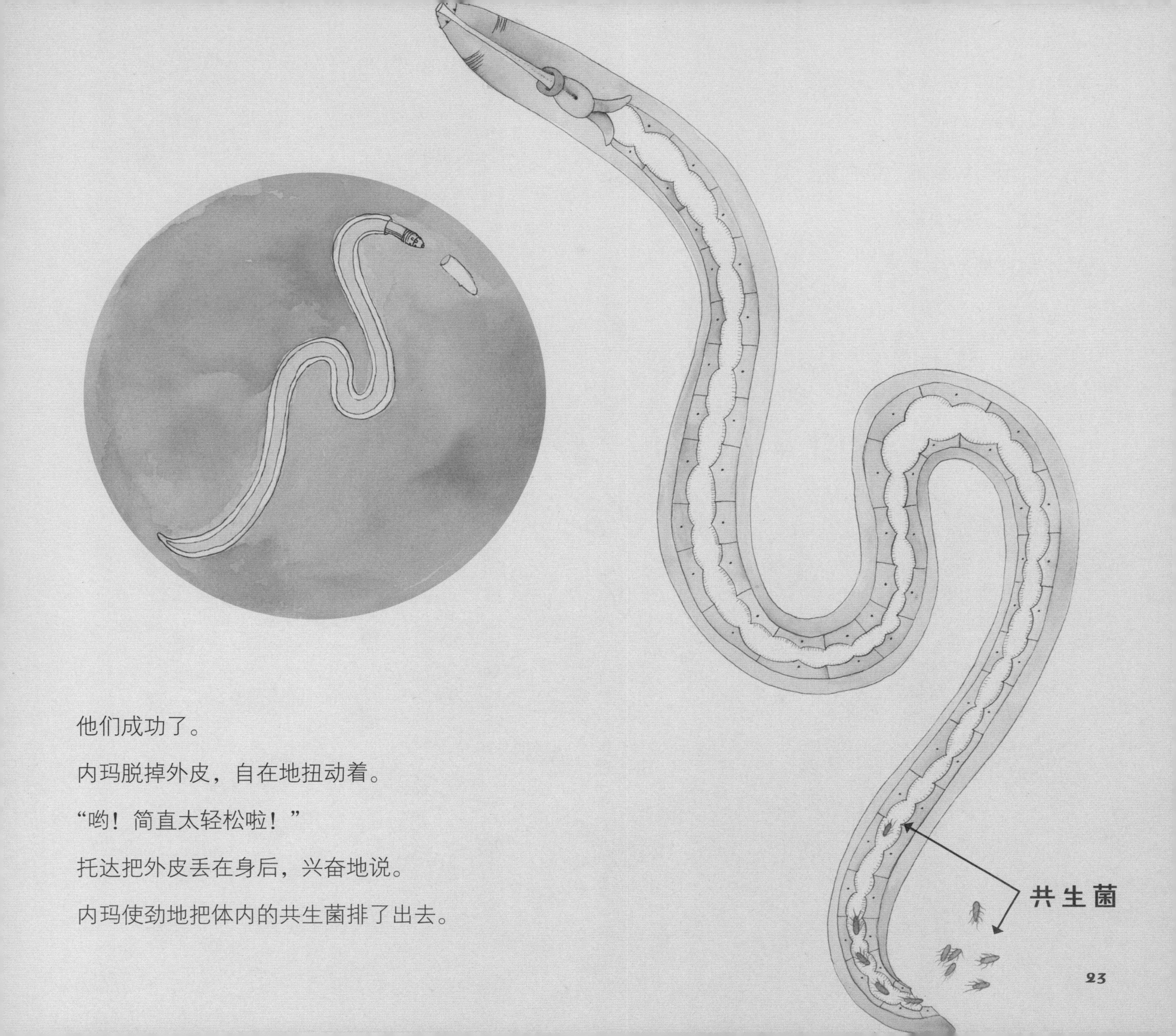

他们成功了。

内玛脱掉外皮，自在地扭动着。

“哟！简直太轻松啦！”

托达把外皮丢在身后，兴奋地说。

内玛使劲地把体内的共生菌排了出去。

“先开动啦！大家尽情享用美餐吧！”

共生菌大声宣布。

他们大口地吞掉蛴螬虫的血糖，直到准备分裂。

他们一次又一次地繁殖。

最后，到处都是共生菌。

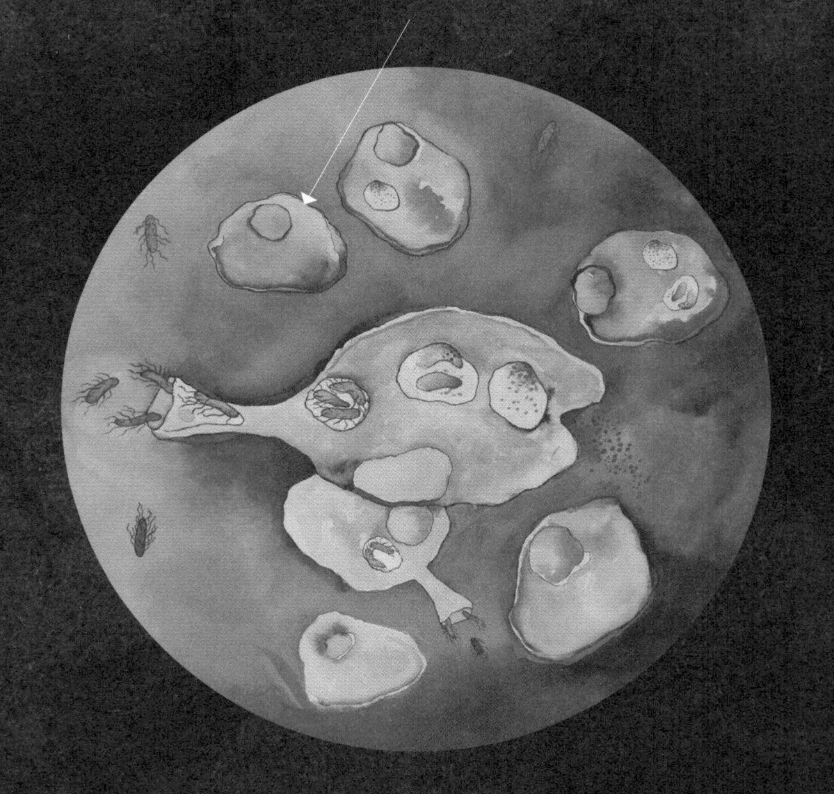

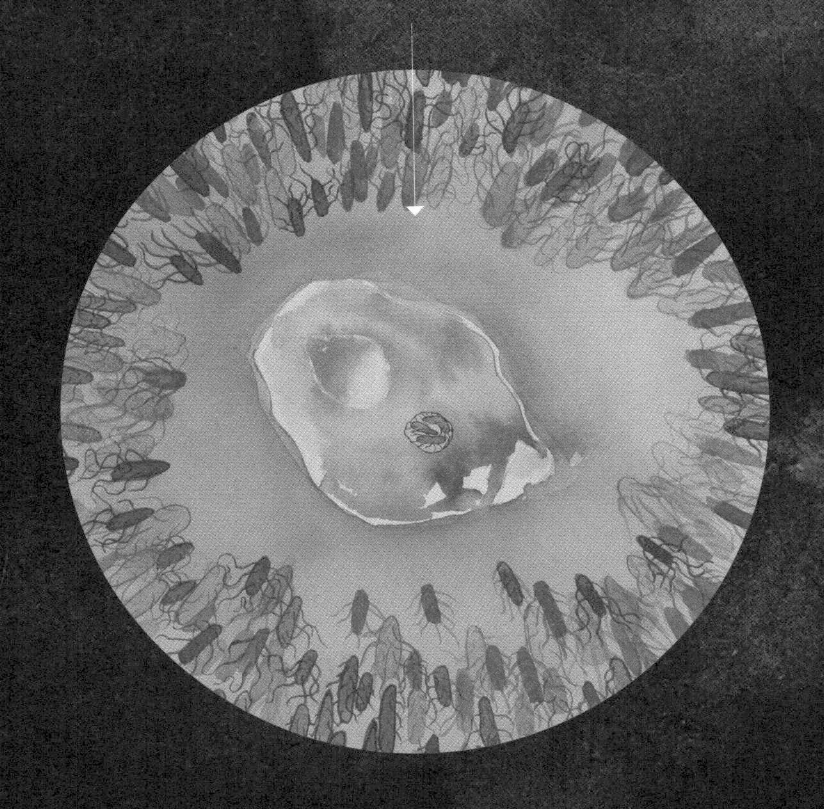

不过蛴螬虫可不会不战而亡。

蛴螬虫的吞噬细胞抓住了一个又一个共生菌，

并把他们全部吞下！

共生菌回击，发射化学武器，

阻止吞噬细胞的进攻。

战斗太激烈了！成千上万的共生菌都死了，

但是慢慢地，他们还是攻克了蛴螬虫的防线。

蛴螬虫扭动着，渐渐地停下来。

他死了。

他抓树根的手松动了。

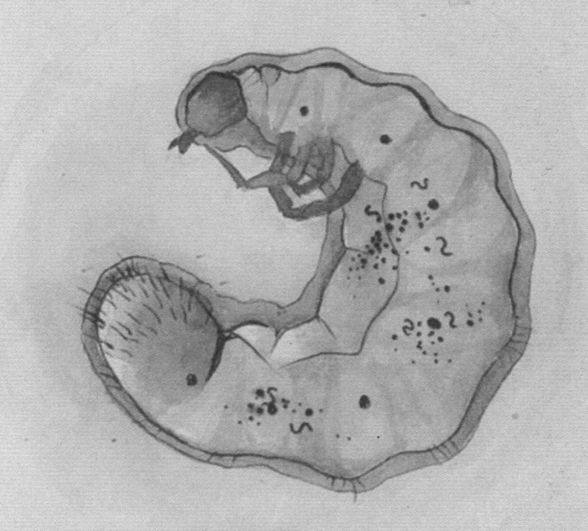

第 3 天

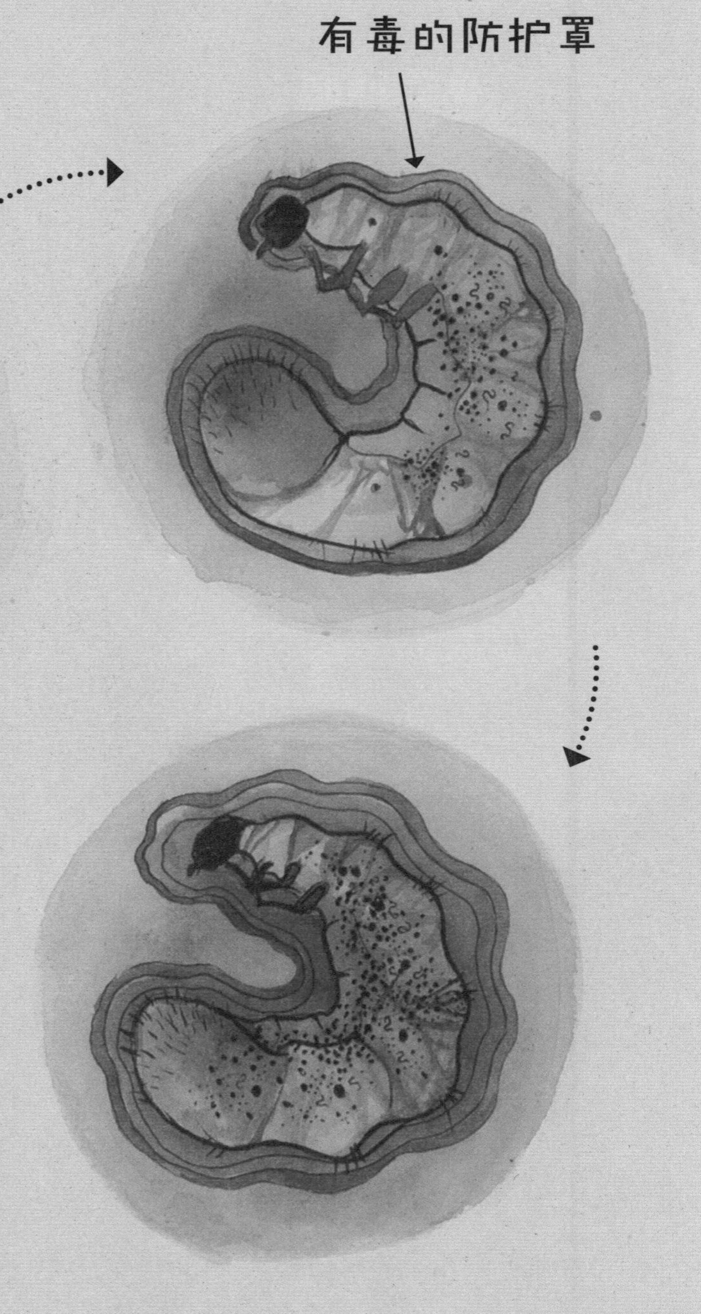

树长舒了一口气。

小伙伴们把树从痛苦中解救了出来。

是时候让共生菌使出更多的分子魔法了。

他们释放出一波又一波的化学物质，

这些化学物质在蛴螬虫周围迅速扩散，

形成了一个有毒的防护罩。

现在啊，蛴螬虫的身体被保护起来了。

线虫和共生菌在里面非常安全。

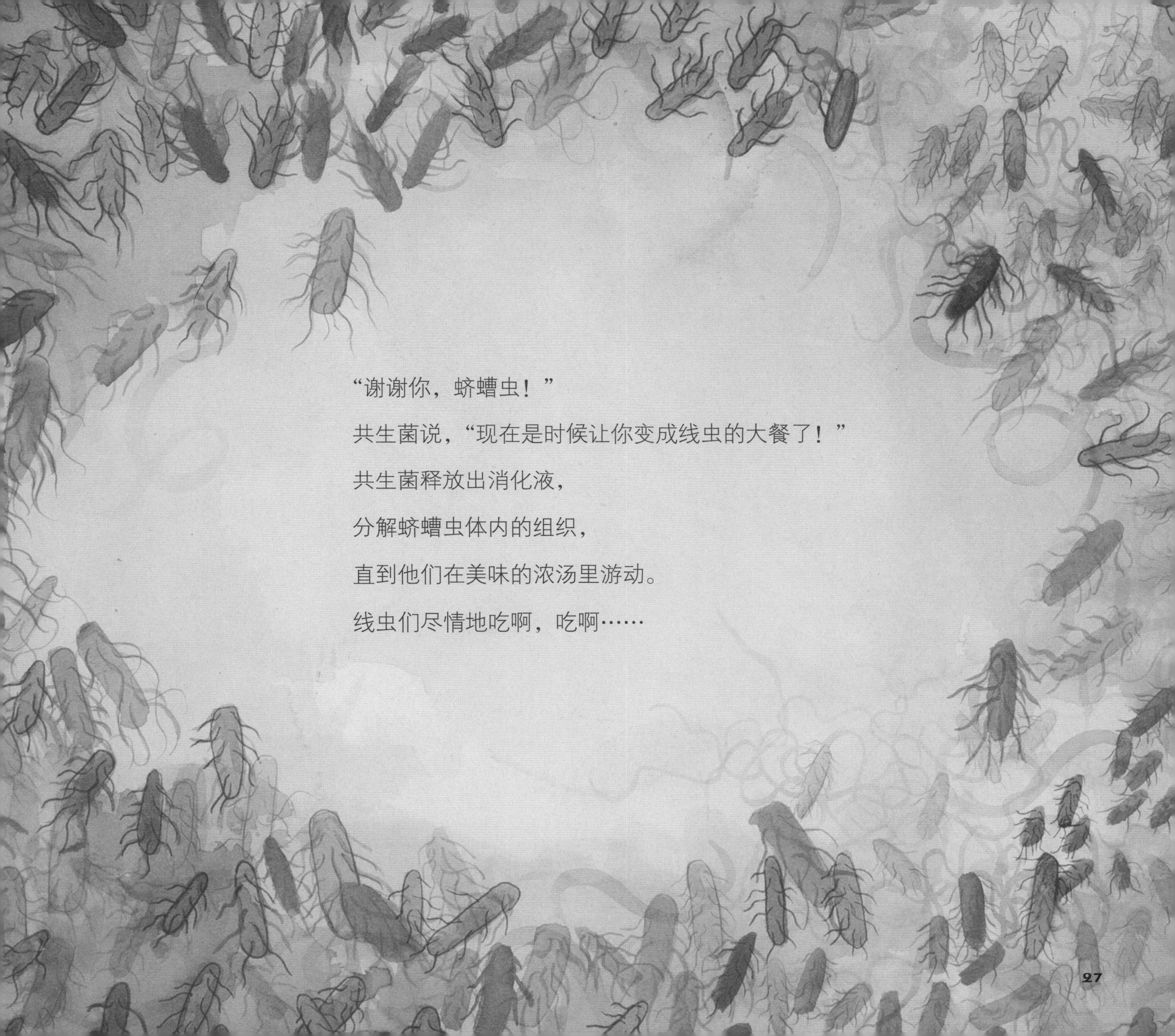

“谢谢你，蛴螬虫！”

共生菌说，“现在是时候让你变成线虫的大餐了！”

共生菌释放出消化液，

分解蛴螬虫体内的组织，

直到他们在美味的浓汤里游动。

线虫们尽情地吃啊，吃啊……

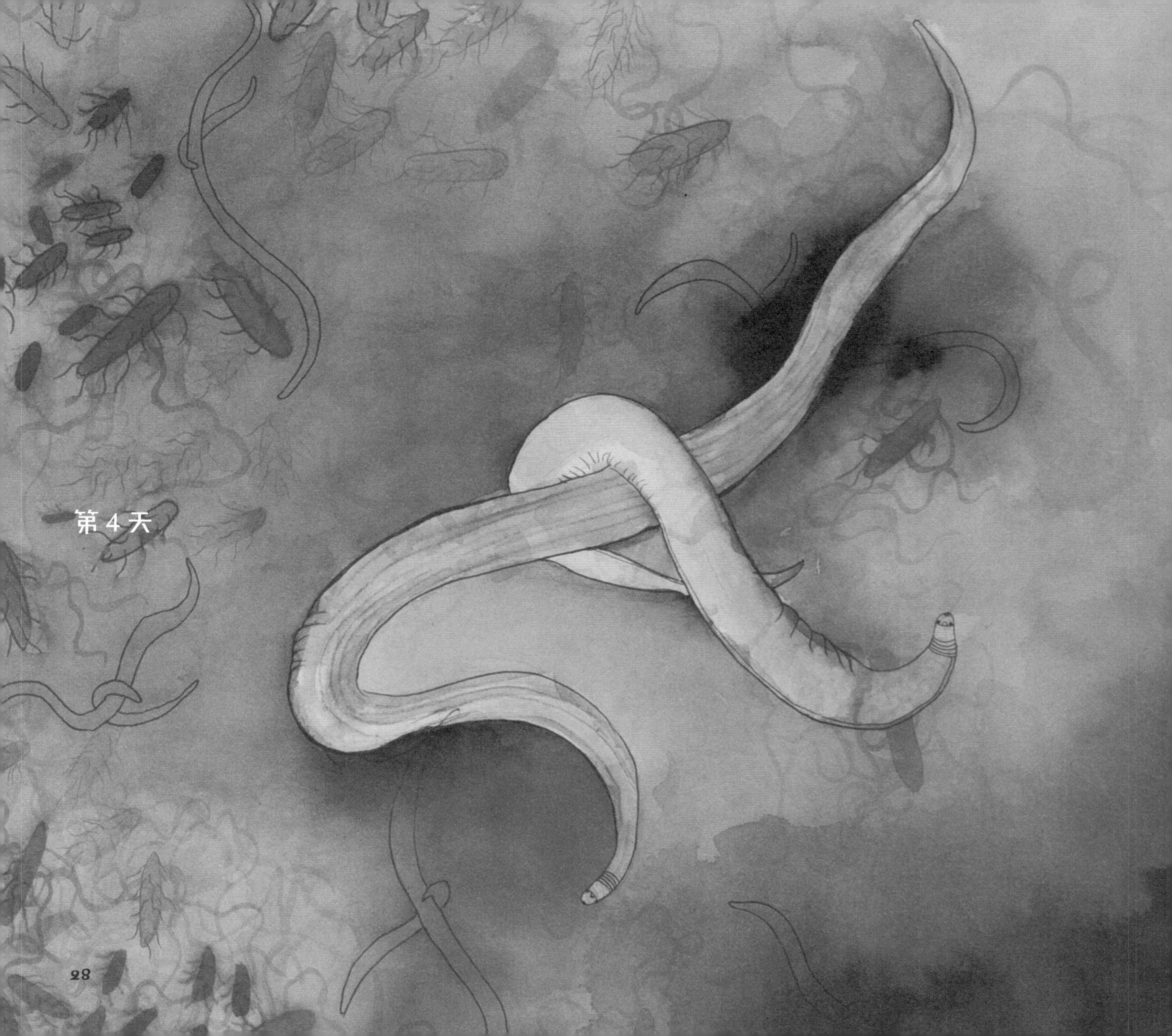

第 4 天

现在，内玛长大了，

她的激素水平也发生了变化。

托达依然陪在她身边。

他们转到一起，互相缠绕。

他们已经准备好生宝宝了。

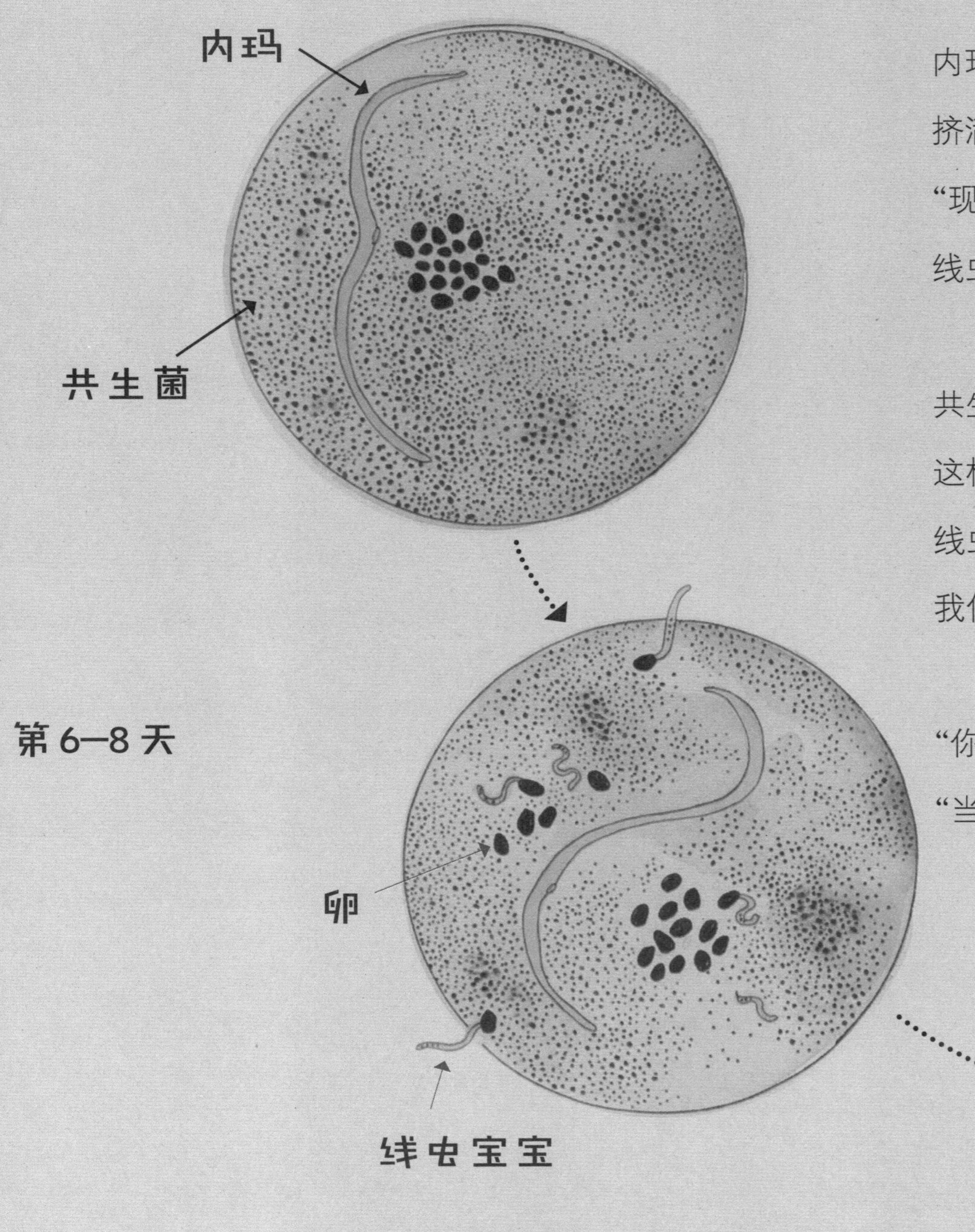

内玛的卵被孵化出来，贪婪的线虫宝宝，

挤满了蛴螬虫的身体。

“现在你们必须把我们吃掉。”共生菌说。

线虫宝宝停下来，有些犹豫。

共生菌又说：“吃掉我们吧，

这样你们就能长得高高壮壮的。

线虫和共生菌永远都是好伙伴，

我们的关系，会在下一代的身上延续下去。”

“你们确定吗？”线虫宝宝问。

“当然！”共生菌回答。

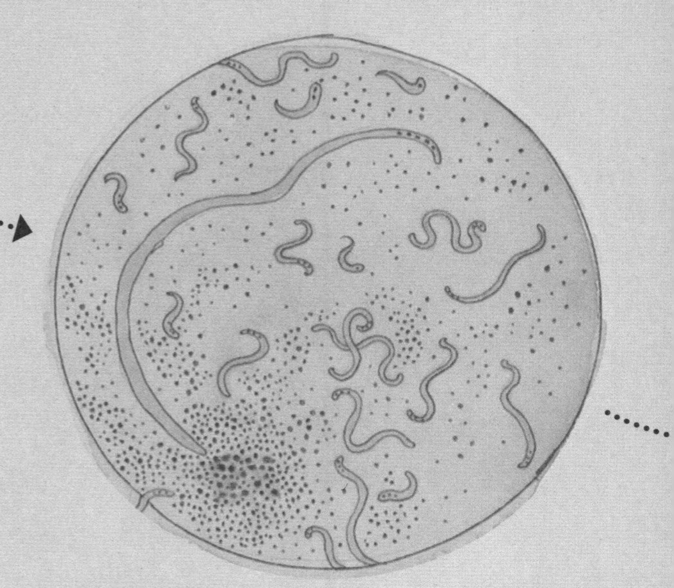

内玛的孩子们吃啊吃，长啊长，

然后他们又有了自己的孩子，

这些孩子全靠喝蛴螬虫浓汤和吃共生菌长大。

现在，蛴螬虫体内满是线虫，

大部分共生菌都被吃掉了。

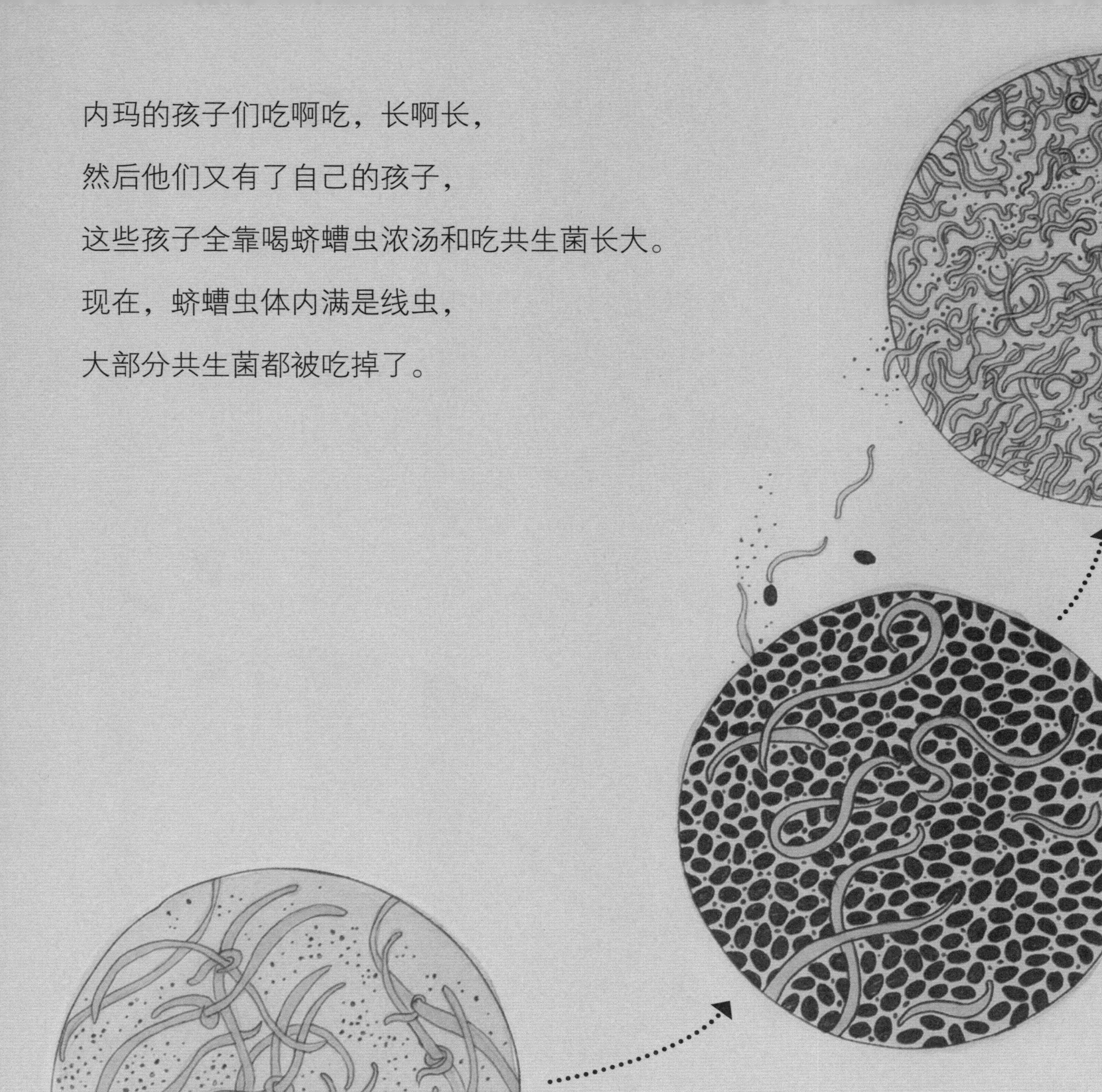

少数残余的共生菌在内玛孙女的脸上徘徊。

“时间到了吗？”共生菌问。

“时间到了。”线虫回答。

线虫一个接一个地张开嘴巴，

吞下共生菌。

但这次共生菌可不是他们的食物。

相反，每条线虫都会在肠道里缠绕一个特殊的口袋，

而共生菌就在那里定居，很安全。

就这样，他们的共生协议延续到了下一代。

第9天

蛴螬虫裂开了，

内玛的孙子们开心地跑到土里玩。

在每个小线虫的身体里，

都住着一个小小的共生菌家族，

他们一起奔向下一场盛宴。

第 10 天

蛴螬虫少量的体液残留下来，

在树根上腐烂。

细菌和真菌争先恐后地来抢食物。

没有任何东西被浪费。

这棵树将根须向大地深处扎去……

寻找他自己的盛宴。

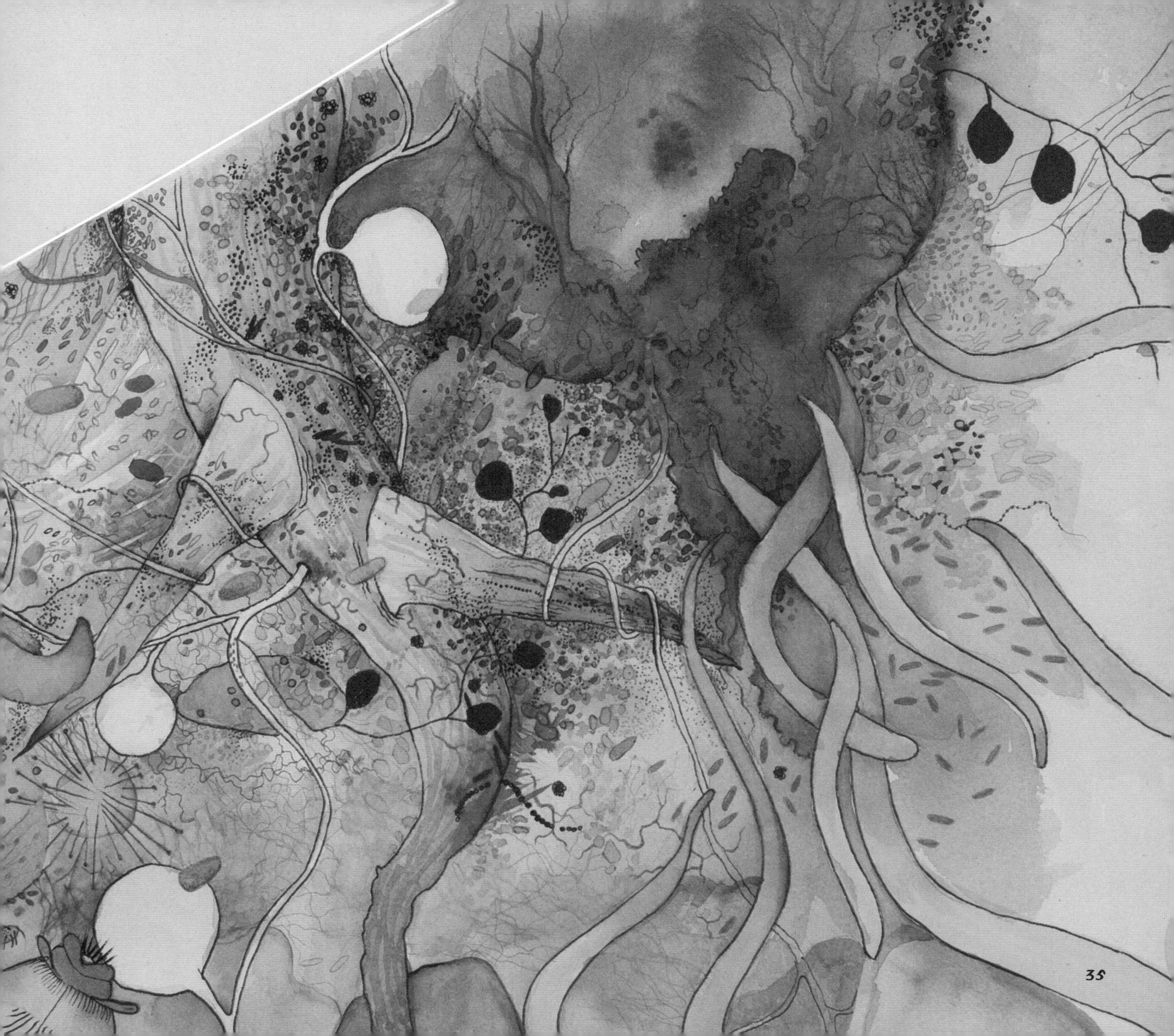

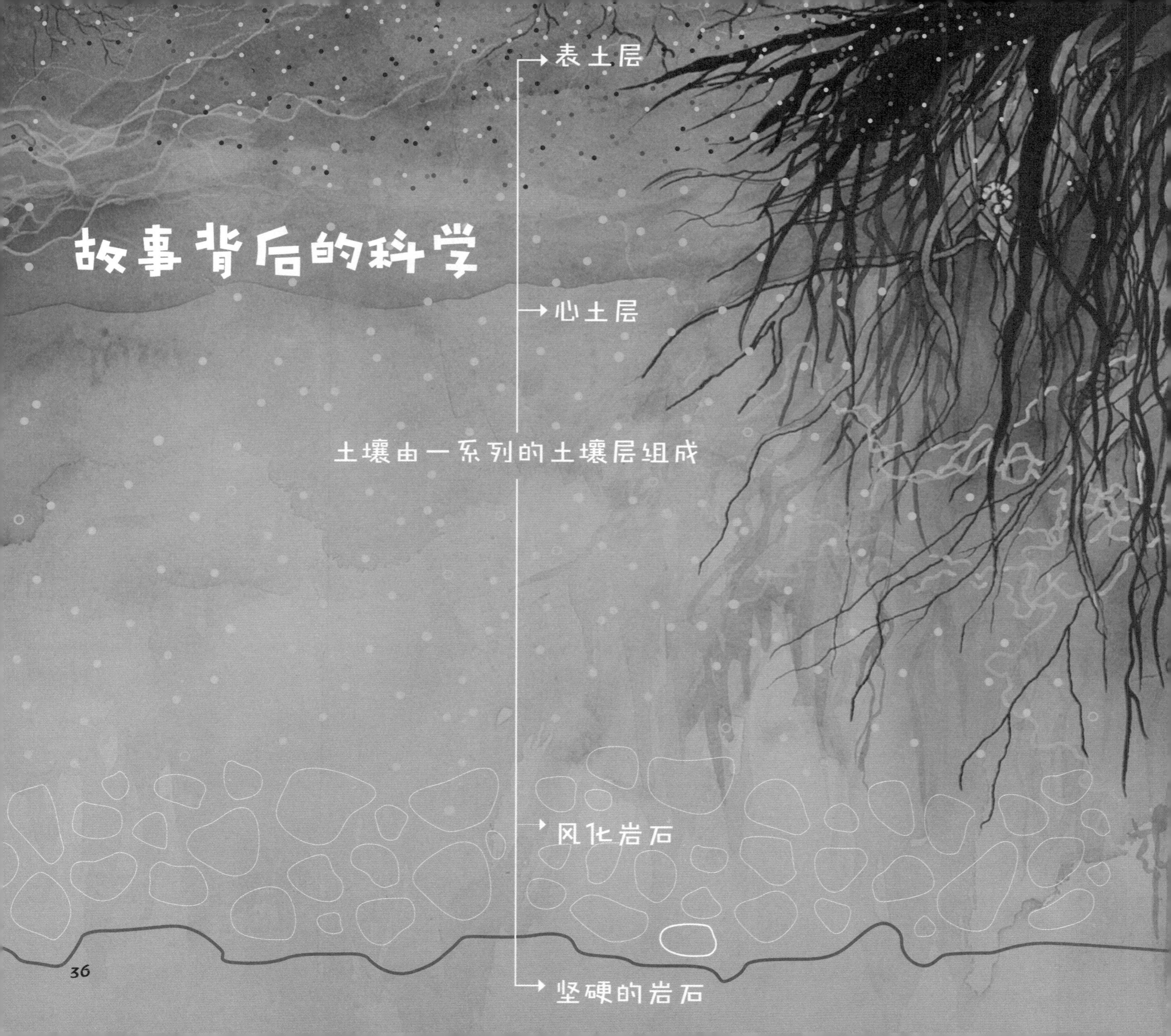
故事背后的科学
表土层
心土层
土壤由一系列的土壤层组成
风化岩石
坚硬的岩石

土壤是地球的皮肤

土壤是地壳的外表层。它是由矿物质和有机物（包括活的和死的生物体）等组成的。

土壤中的矿物质成分

土壤矿物质通常分为三种大小不同的颗粒：砂粒、粉粒和黏粒。砂粒是最大的，而粉粒和黏粒太小，肉眼是看不到的。

土壤颗粒是由较大的岩石经过物理、化学和生物风化作用形成的。根据不同的条件，这个过程可能是短短几年，也可能是数百万年。

物理风化，是岩石在风、雨、雪、日照和严寒等作用下，破碎成大小不一的颗粒的过程。化学风化和生物风化是由什么引起的呢？是由酸和其他化学物质（来自生物或非生物）破坏了分子键引起的，而分子键能让矿物结合在一起。

砂粒和粉粒最常见的化学成分是二氧化硅（SiO_2），通常以石英晶体的形式存在。

黏粒由氧化铝、氧化铁和氧化硅组成，它们如果联起手来，有非常强的能力，能够为土壤微生物和植物保存并供应钙、镁、钾和氮等矿物元素。

表层物质

一茶匙砂粒的表面积，和一张明信片的表面积是一样的。而一茶匙黏粒的表面积，与卧室地板的表面积是相同的。这意味着黏粒间有更大的空间，让更多的水、有机物、矿物质和微生物安家，以便发生化学和生化反应。

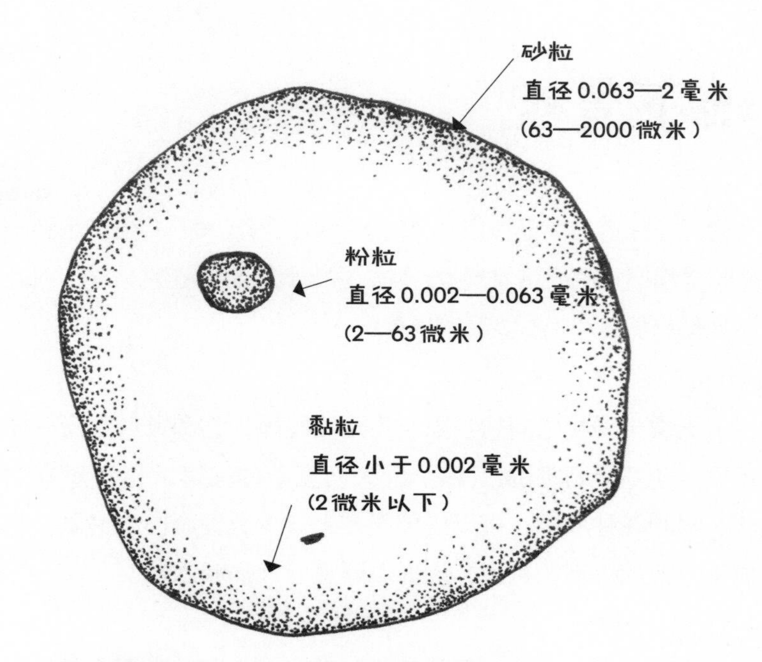

如果我们把一个黏粒想象成花生那么大……
那么这些粉粒就有西瓜那么大了……
砂粒就有大象那么大。

砂粒显微图片由德国不来梅大学的蒂洛·艾克霍斯特博士和土壤学家罗尔夫·提普科特拍摄。

地下景观

“内玛、托达、希里和格拉萨向着呼救信号出发啦！他们来到一个富含腐殖质的土壤景观里。哇，这个大峡谷像迷宫一样，而且到处都是裂缝和阴影。”（第09页）

土壤中颗粒之间的空隙叫作土壤孔隙，它和颗粒本身一样重要。土壤孔隙形成了一个巨大而复杂的迷宫，迷宫里有空气、水和各种通道，可以延伸很多米。少数健康的土壤里，有成千上万的微型栖息地，比如小隧道、沙洞和水池。

植物的根和蚯蚓、白蚁等穴居动物，在翻土、创造新的土块方面发挥着重要的作用，这可以进一步丰富土壤的结构。然而，有的微生物，比如细菌和线虫，实在太小了，无法移动大的土壤颗粒。所以，它们就在小水池中移动，或者穿过覆盖着许多根、真菌和土壤颗粒的水薄膜。

健康的土壤是空气和水均衡混合的土壤

包含砂粒、粉粒和黏粒等颗粒的土壤，被称为壤土。壤土是种植大多数植物，保持生物多样性的理想土壤。

虽然较大的砂粒有助于形成更大的气穴，但较小的颗粒——粉粒和黏粒——可以为生活在那里的微生物储存更多的水、矿物质和有机物。

土壤里的居民

土壤的有机成分

健康的表土层，是地球上最具有生物多样性的栖息地。因为表土层里的有机物最多，是大多数生物相互作用和发生化学反应的地方。数百万的生物不断地制造和循环使用养分，它们在这里繁殖、运动、建造、分解、重组、死亡、排泄，以及捕捉碳元素。

大型土壤生物

大型土壤生物翻转土壤，将空气、水和有机物混合，从而创造新的通道和土壤孔隙。

中型土壤生物

中型土壤生物以较小的土壤微生物为食，释放植物生长需要的养分。

微型土壤生物

微型土壤生物是土壤食物链的基础，它们分解矿物质和腐烂的有机物，比如落叶。这些可循环利用的养分，是大型土壤生物和植物的重要食物来源。

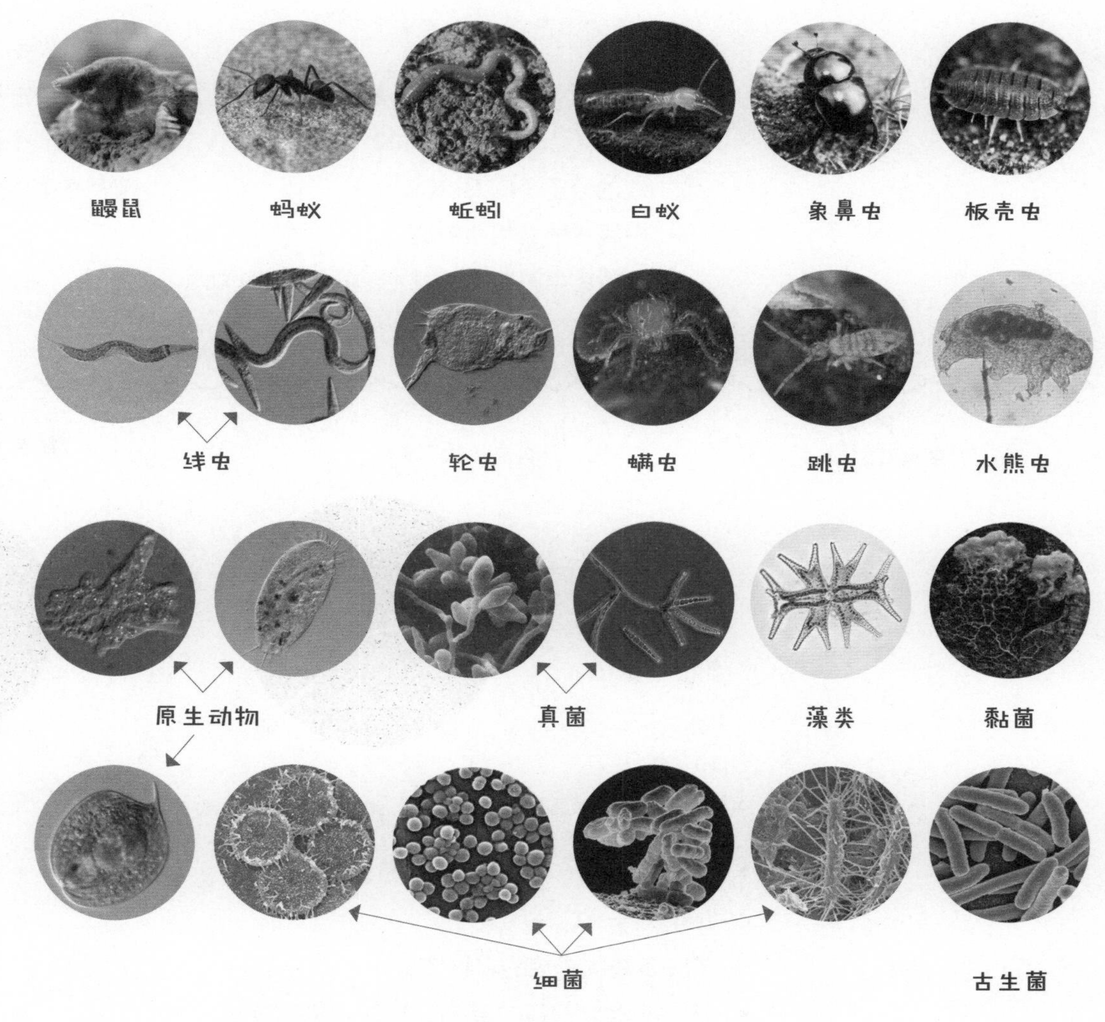

书中的小主角有多小?

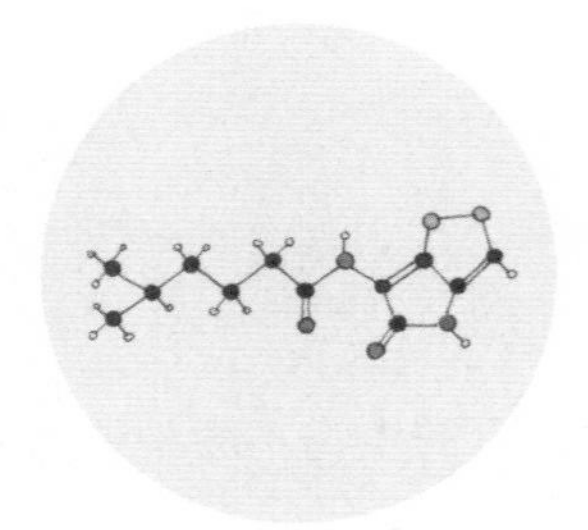

二硫吡咯类化合物
化学武器（直径400皮米）

- 由12个碳原子、16个氢原子、2个氮原子、2个氧原子和2个硫原子组成的分子（$C_{12}H_{16}N_2O_2S_2$）
- 由线虫的共生菌制造
- 在故事中杀死了蛴螬虫的吞噬细胞

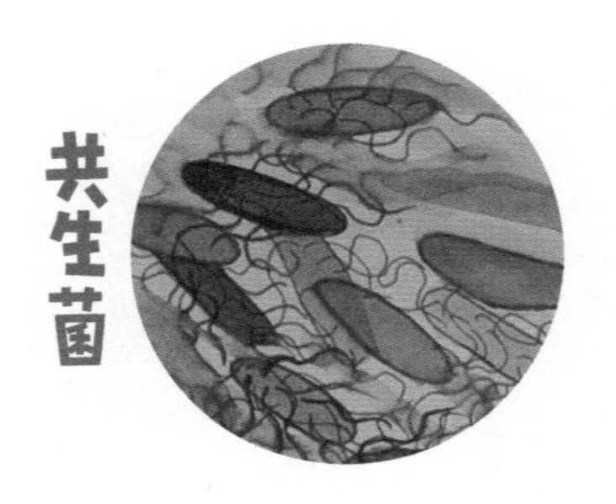

线虫的共生菌（长5微米）

- 有许多鞭毛的单细胞细菌
- 与斯氏线虫形成共生关系
- 能产生很多杀死昆虫、细菌和真菌的分子

砂粒（直径200—2000微米）

- 最大类型的土壤颗粒
- 通常由二氧化硅（SiO_2）或碳酸钙（$CaCO_3$）组成

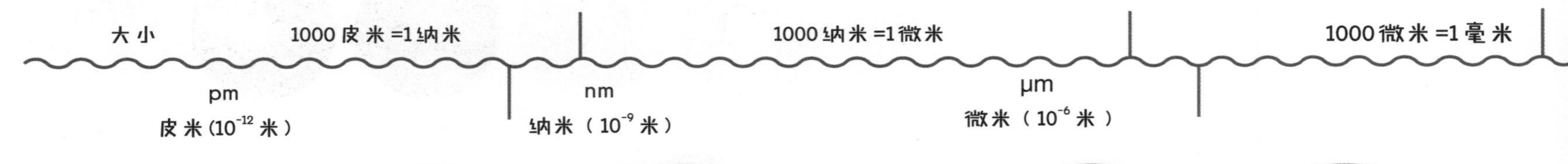

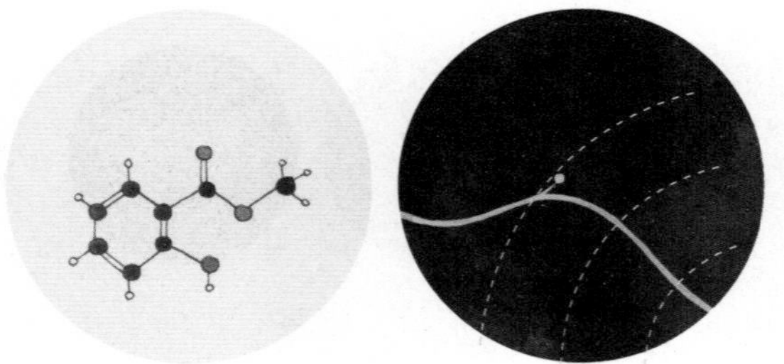

水杨酸甲酯（求救信号）（直径250皮米）

- 由8个碳原子、8个氢原子和3个氧原子组成的分子（$C_8H_8O_3$）
- 是许多植物释放的求救信号
- 被一些动物如线虫感知，帮助它们确定猎物的位置

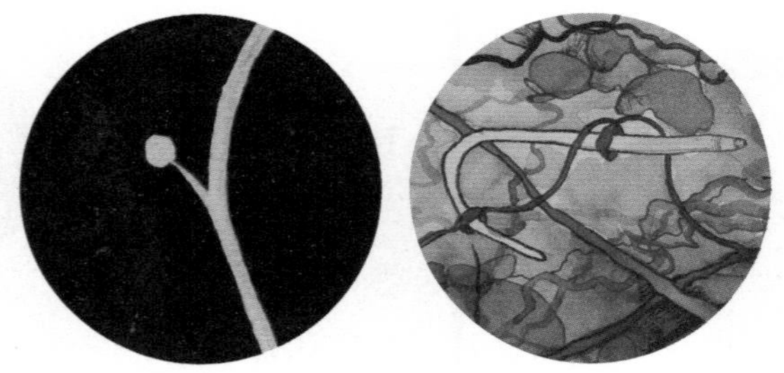

真菌（10微米宽，数千米长）

- 和细菌一起，是土壤中的主要分解者
- 有些真菌与植物根系形成共生关系，如故事中的白色真菌
- 有些真菌可能是食肉的或寄生的，如故事中的捕食性真菌

斯氏线虫（长1毫米）

- 主角之一，还有她的朋友托达、希里和格拉萨
- 与致病杆菌属形成共生关系
- 在昆虫体内繁殖

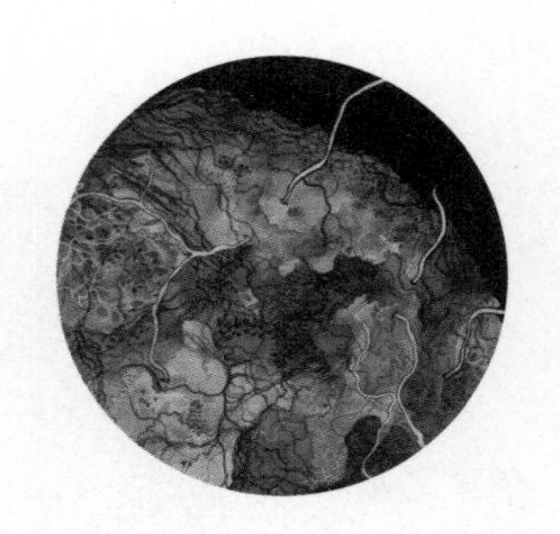

腐殖质（长5—10毫米）

- 腐烂的动植物、矿物质，以及周围密集的真菌、细菌和古生菌集群
- 被认为是植物所需的水、养分和矿物质的重要来源

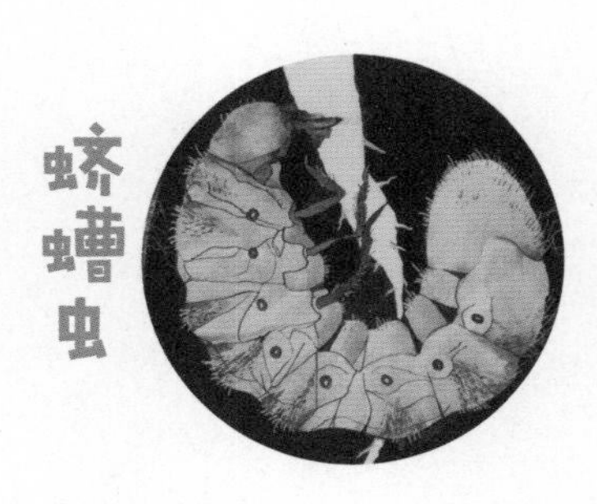

金龟子科（长4厘米）

- 金龟子的幼虫
- 以许多植物的根为食

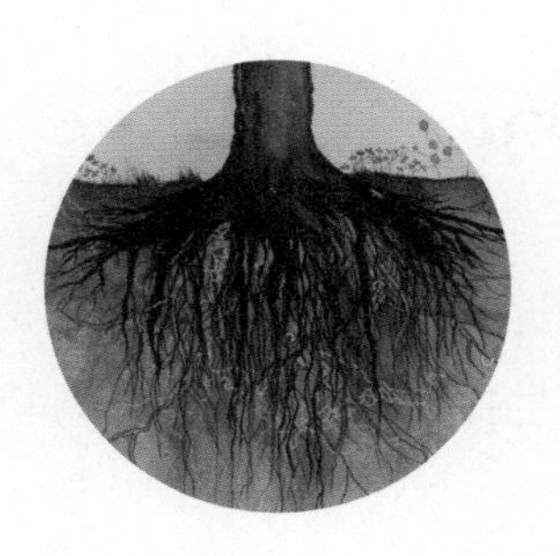

树（4米高）

- 大型植物
- 通过根部释放糖，这些糖能吸引土壤中的微生物和大型昆虫，如我们故事中的蛴螬虫
- 有些树可以活几千年

1000 毫米 =1 米

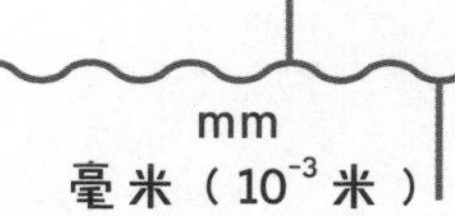

米

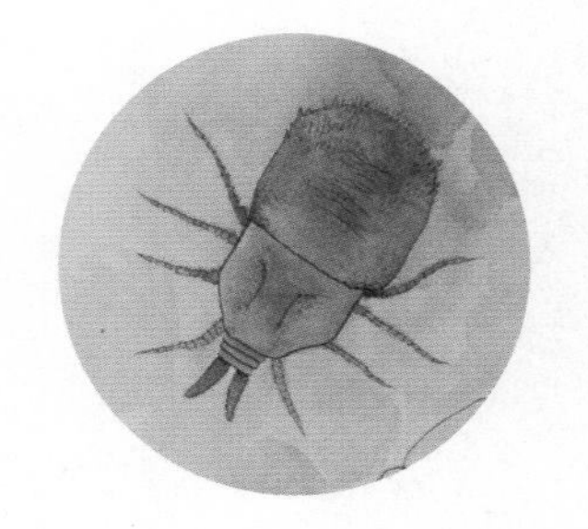

螨虫（长2毫米）

- 与蜘蛛、蝎子和蜱同属于蛛形纲
- 有些是食肉动物，吃线虫、跳虫甚至其他螨类
- 存在于土壤或其他地方

水熊虫（长2毫米）

- 8条腿的水栖动物
- 也被称为水熊或苔藓小猪
- 分布在山林、沙漠和冰冠的所有栖息地

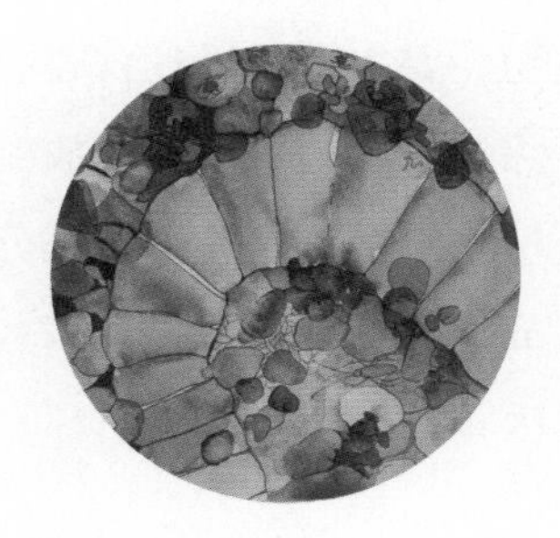

蚯蚓（长10厘米）

- 有环节和体腔管的蠕虫
- 它们挖穴松土，有助于空气和水在土壤中流动
- 帮助分解和循环利用土壤中的养分
- 存在于大多数土壤生态系统中

根际

靠近植物根的区域被称为根际，在这里，植物哺育着大量的土壤生物，比如细菌、真菌和线虫。

“他们沿着白色真菌的菌丝向前追踪。‘就是这里。’白色真菌钻进树根不见了。他们停下来，这里的求救信号比任何地方都要清晰。” （第18页）

通过光合作用，植物吸收光能，把二氧化碳和水合成有机物，包括糖类。植物通过从根部释放四分之一的糖，来养活一个庞大的菌群，里面住着数万亿的细菌和数千米长的真菌。在它们周围，有一群饥饿的原生生物和线虫，等着把它们当美餐。

“树根散发出新鲜的甜味，微生物从四面八方奔来。” （第18页）

如果你是一个饥饿的土壤微生物，要去哪里寻找食物呢？你要靠近植物的根，也就是来到根际。植物的根不断释放糖和其他富含能量的化合物，这些就是植物根系分泌物。根系分泌物甜甜的、黏糊糊的，在根周围形成一个潮湿层——细菌和古生菌等微生物可以在里面进食、呼吸和移动。

根际的一个重要部分是菌根真菌，就是我们故事里的白色真菌。地球上几乎所有的植物，都与这些真菌形成了终生的共生关系。不过，那就是另外一个故事了……

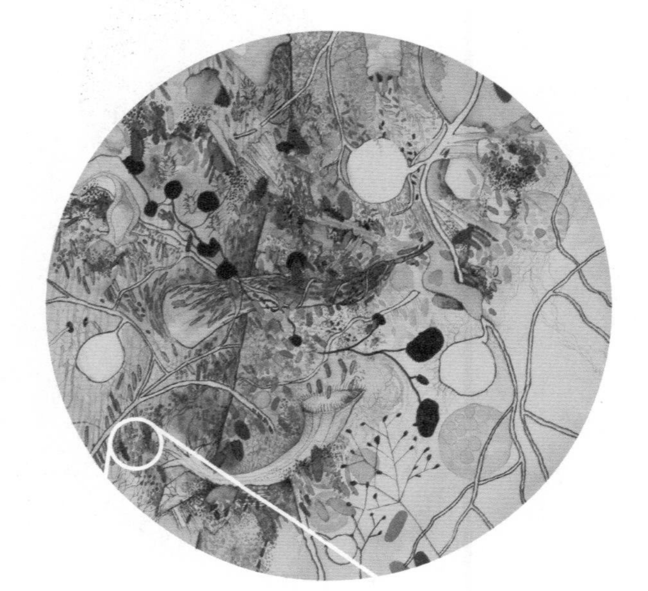

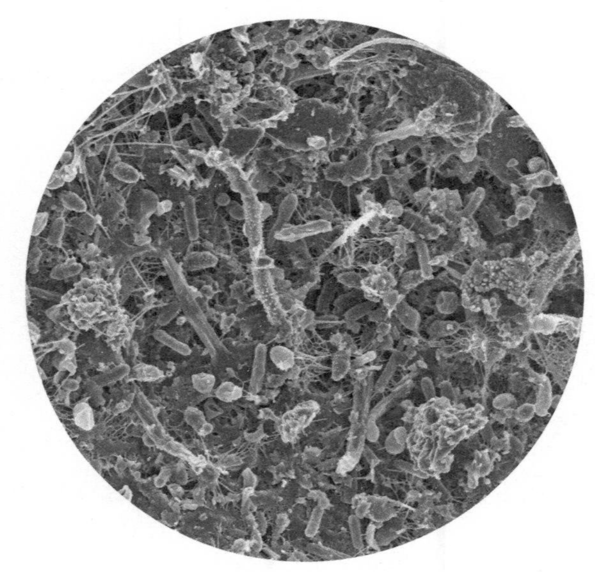

图片由安东尼·多诺弗里奥、威廉·H.福尔、埃里克·J.斯图尔特和金·刘易斯创作，显微照片由美国东北大学刘易斯实验室提供。

化学对话

故事里出现了两种化学信号：一种是树释放的求救信号；一种是蛴螬虫释放的二氧化碳。

“树太疼了，他通过土壤发出化学求救信号……”（第05页）

植物产生和释放各种各样的化学物质，这些化学物质可以与其他的植物、动物，还有土壤微生物交流，并影响它们的行为。在数百万年的时间里，树木和土壤生物（如线虫）一起，进化出了一套自己的交流系统，能对化学信号做出反应。

植物用这套交流系统释放的最常见的化学物质，该化学物质叫作挥发性有机化合物。为什么被称为挥发性呢？是因为它们在空气中传播得太快啦，哪怕在土壤孔隙的地下空气网络中，也跑得非常快。它们通常有强烈的气味，能增强吸引力，也可以充当信息素，提醒邻近的树木保护好自己，小心昆虫的攻击，潜在的危险随时会来。

“一条年轻的线虫——内玛听到了他的呼救……她从蠕动的家人中转过身，抬起头来，感受信号。”（第06页）

当受到蛴螬虫或蚜虫等昆虫的攻击时，一些树木会释放出一种叫作水杨酸甲酯的挥发性有机化合物。它能向昆虫的天敌如线虫或瓢虫，发出信号。在故事中，内玛感受到了这个信号，信号还吸引了其他线虫，他们一起来到被蛴螬虫攻击的树根上。

“蛴螬虫呼出的一口气，变成了一串二氧化碳。内玛感觉到了，她抬起头，突然觉得饿极了。”（第22页）

二氧化碳（CO_2）广泛存在于大气和土壤中。在黑暗的土壤中，二氧化碳是生命的绝佳信号，也是线虫繁殖的潜在场所。

虽然人类闻不到二氧化碳，但线虫的感觉器官却能够探测到。在这个故事中，二氧化碳的踪迹帮助线虫找到了蛴螬虫，然后从呼吸孔进入蛴螬虫体内。

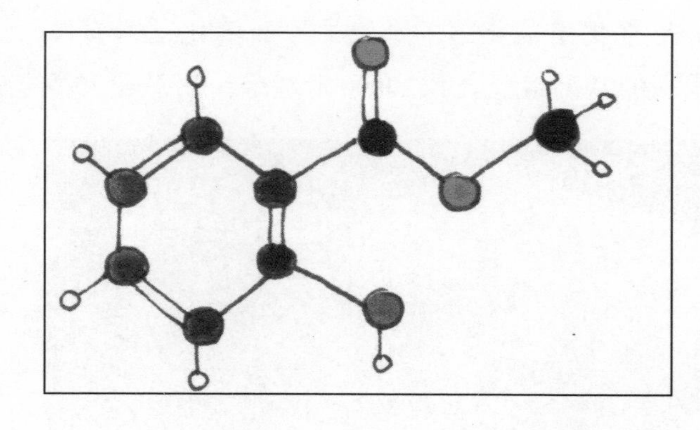

水杨酸甲酯

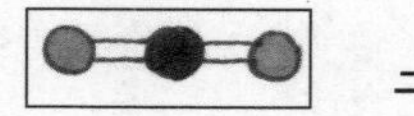

二氧化碳

线虫，线虫无处不在

线虫是地球上种类最丰富的动物之一。据估计，地球上有五分之一的动物是线虫。线虫中有代表性的是蛔虫，大小从0.1毫米到5毫米不等。

尽管线虫存在于各种环境中，但它们被认为是水生生物，也就是说水里是它们的家。在海底和河底的沉积物中，线虫的种类最多了。在土壤中，线虫依靠土壤颗粒周围的水囊和水薄膜移动和呼吸。

大多数线虫以微生物为食，如细菌、古生菌、原生动物、藻类，甚至更小的线虫。

许多线虫有口针，用来刺穿猎物，吸取营养。和故事中的主角一样，一些线虫是植物、真菌和动物的寄生虫，必须寄生到更大的生命体里。

线虫是最早进化出消化道的动物之一，消化道既有嘴又有肛门。线虫的基因组包含约20000个基因，几乎和人类（25000）一样多。但一条完整的线虫只有大约1000个细胞，而人的身体里大约有40万亿个细胞，差远了！

“突然，格拉萨疼得直打滚。他被一个捕食性真菌抓住了！”

（第12页）

在土壤中，线虫有许多天敌，包括一些螨虫、跳虫和真菌。一只螨虫一天能吃掉2000条线虫！在我们的故事里，内玛的一个线虫同伴格拉萨，就是被一种真菌捉住并杀死的。虽然大多数真菌都能适应腐烂的植物物质，如树叶和木材，但许多真菌也进化出钩子、黏性网和收缩环等武器，来捕捉、杀死和消化线虫，作为额外的营养来源。当线虫通过一个收缩环时，收缩环会在十分之一秒内迅速膨大，卡住线虫的身体，使它没有机会逃脱。

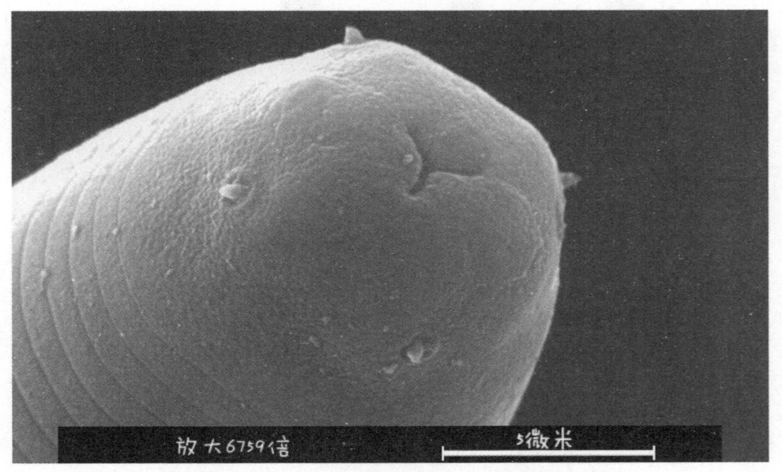

斯氏线虫头部的显微照片，图片由帕特里夏·斯托克提供。

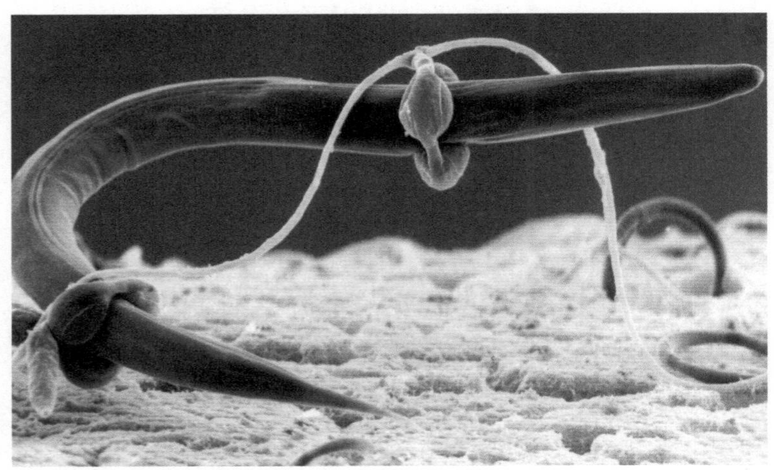
被捕食性真菌的收缩环捕获的线虫，经乔治·巴伦许可使用的显微照片。

昆虫杀手

昆虫病原线虫

昆虫病原学（entomopathogenic）一词源于三个希腊术语：昆虫（entomon）、疾病（pathos）和生产者（genos）。这意味着昆虫病原线虫能在昆虫中产生疾病。

昆虫病原线虫有两类：斯氏线虫和异小杆线虫。每种线虫都依赖一种特定的细菌，它们利用共生关系来杀死更大的昆虫。斯氏线虫，如故事中的内玛，总是与嗜线虫致病杆菌合作，而异小杆线虫总是与发光杆菌合作。

昆虫病原线虫是农民伯伯的好朋友，能用来控制害虫，减少它们对农作物的危害，这样就可以避免使用有毒的杀虫剂。斯氏线虫是以奥地利著名的哲学家、科学家——鲁道夫 · 斯坦纳命名的，他在1924年制定了生物动力法的原则，为有机农业奠定了基础。20世纪80年代，澳大利亚联邦科学与工业研究组织的科学家引入了一种寄生线虫，来控制树蜂的入侵，为澳大利亚林业节约了数十亿美元。

斯氏线虫在所有生物的科学分类中处于什么位置？

域：真核生物域

界：动物界

门：线虫动物门

纲：尾感器纲、无尾感器纲

目：小杆目

科：斯氏线虫科

属：斯氏线虫属

斯氏线虫（感染期幼虫），
图片由帕特里夏 · 斯托克提供。

线虫和细菌：致命的结合体

尽管像斯氏线虫这样的昆虫病原线虫在杀虫方面广受好评，但真正的病原体是线虫和共生菌的结合。因为单靠这些线虫，是无法征服和吞食昆虫等猎物的。它们的共生菌伙伴产生一种有毒分子混合物，帮助它们杀死和分解整只昆虫，还为它们提供食物和安全的繁殖场所。为了携带共生菌伙伴，线虫在肠道里进化出一种叫作储菌器的特殊口袋。当线虫在土壤中从一场昆虫盛宴，奔向另一场昆虫盛宴时，它们的储菌器里都装着一小群共生菌。

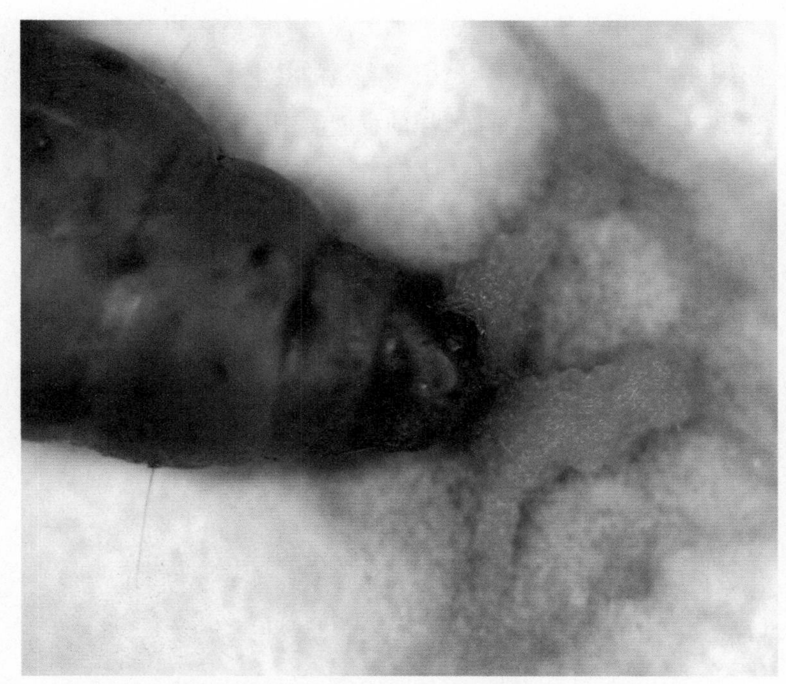

从昆虫幼虫喷射出的斯氏线虫，图片由帕特里夏 · 斯托克提供。

共生菌介绍

“线虫的身体里，有一种叫作嗜线虫致病杆菌的共生菌……哪里都少不了他们。”（第07页）

嗜线虫致病杆菌（Xenorhabdus）的英文词源于希腊语，是“异域来客”（xenos）与“杆状”（rhabdos）两个词的结合。

嗜线虫致病杆菌是肠杆菌（Enterobacteria）家族的一员。这个家族还有人类肠道细菌，包括著名的沙门氏菌（伤寒）、志贺氏菌（痢疾）、耶尔森菌（鼠疫）和弧菌（霍乱），它们的致病能力非常强大。

然而，并不是所有的肠道细菌都是有害的，也有许多肠道细菌是友好的，还与宿主形成了有益的共生关系。例如，费氏弧菌与短尾乌贼，这在《海洋的秘密》中已经讲啦。科学家早就发现，许多肠道细菌对人类的健康是十分有益的。

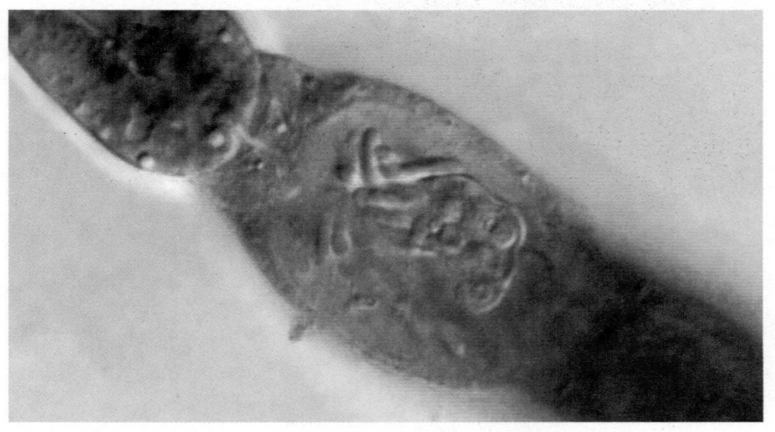

含有共生菌的斯氏线虫，图片由帕特里夏·斯托克提供。

一种古老的共生关系

在过去的几亿年里，斯氏线虫和共生菌已经完善了它们之间的关系。线虫已经进化出一种能力，可以用肠道里特殊的口袋运送共生菌乘客，而不是把它们当作食物消化掉。寄生在昆虫体内时，共生菌会分泌有毒的化学混合物，但线虫能保护自己免受这种有毒物质的伤害。

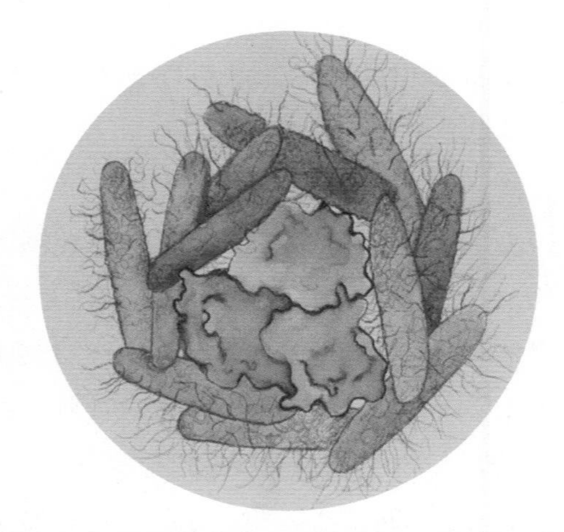

嗜线虫致病杆菌在所有生物的科学分类中处于什么位置？

域：细菌域

门：变形菌门

纲：γ-变形菌纲

目：肠杆菌目

科：肠杆菌科

属：致病杆菌属

种：嗜线虫致病杆菌

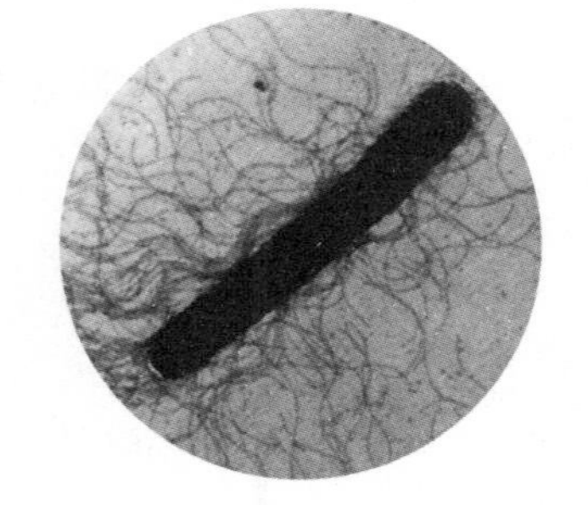

嗜线虫致病杆菌图片由威斯康星大学密尔沃基分校福斯特实验室提供。

细菌 vs 蛴螬虫

在寻找一只新的昆虫宿主时，年轻的斯氏线虫体内，少量的（10—20）共生菌是不活跃的。然而，一旦进入昆虫体内，共生菌就会产生一些自然界中最毒的化学物质。

如何从内部征服昆虫？

第1步——盛宴与蜂拥而入

首先，共生菌需要变得越来越多。为了做到这一点，它们会释放分子来破坏昆虫的血细胞，这样它们就可以吃掉里面的糖，吃得饱饱的。有了更多的能量，它们开始迅速地繁殖，差不多每30分钟就能增殖一倍。在24小时内，一些共生菌能变成百万军团。

第2步——破坏昆虫的免疫系统

一旦昆虫的免疫系统发现入侵者，吞噬细胞就开始消灭它们。这时，共生菌释放出化学物质，杀死吞噬细胞，使昆虫的免疫系统崩溃。

第3步——杀死昆虫

进攻有时是最好的防御。昆虫的免疫系统发出进攻，共生菌保护自己的同时，也会释放出有毒的化学物质来直接杀死昆虫。

第4步——消灭竞争对手

在杀死昆虫的同时，共生菌也释放出抗菌化合物，杀死昆虫身体里别的细菌——它们的竞争对手。

第5步——创建防护罩

昆虫死后，附近还潜伏着别的昆虫或真菌，共生菌释放出有毒的化学物质，在昆虫周围形成一个防护罩，把其他敌人赶走。线虫伙伴有了一个安全的家，可以不受干扰地进食和繁殖。

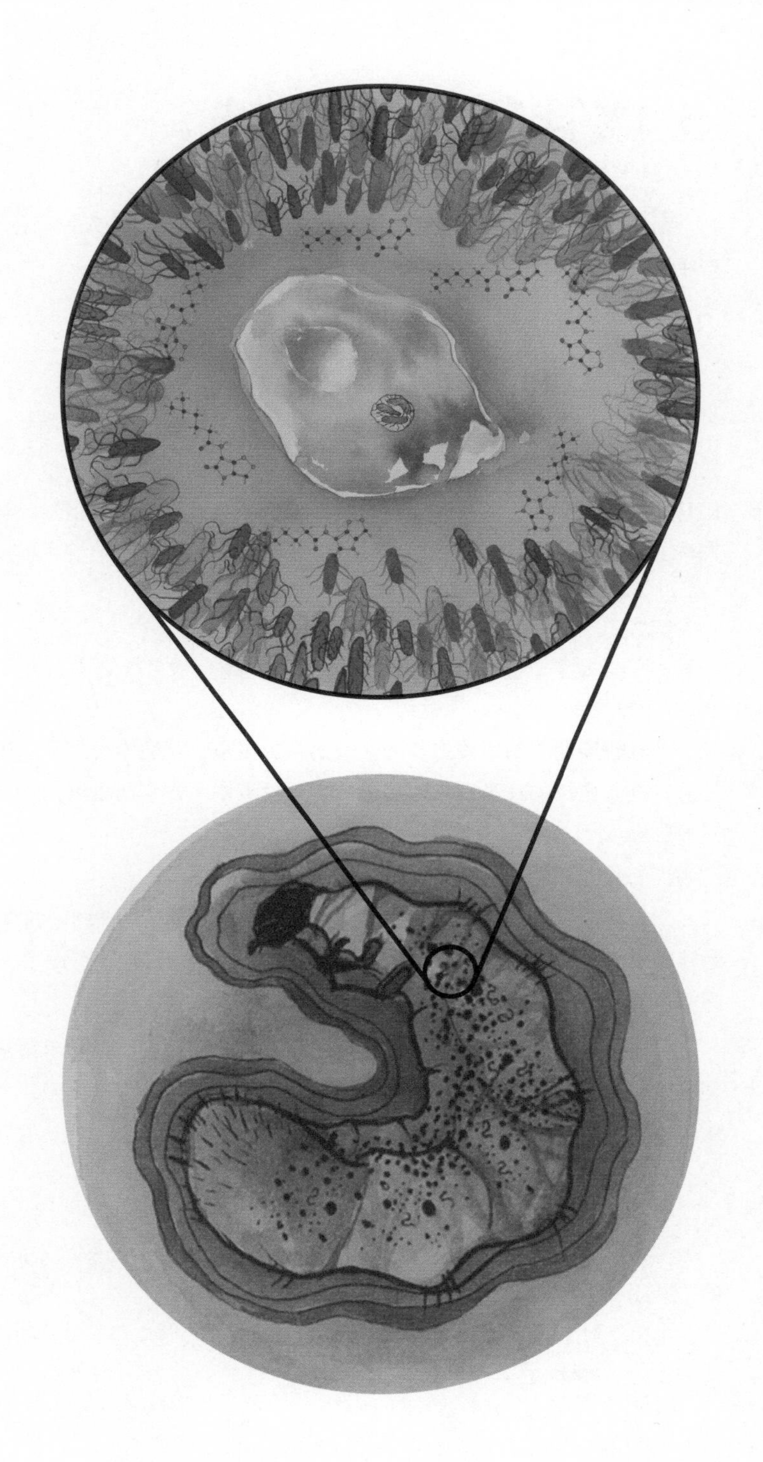

土壤伴侣：时间线

斯氏线虫的生命周期大约是10天。有共生菌的帮助和昆虫宿主，一些年轻的线虫可以产生数以千计的后代。

第1天

“她从蠕动的家人中转过身，抬起头来，感受信号。”**（第06页）**

本故事的主角是一条感染期幼年线虫，它是家族里的新一代，携带着共生菌。为了生存，这些线虫必须找到一个新的宿主，在土壤中，它们只能凭嗅觉导航。故事中，内玛和朋友们感应到树传来的信号，从而发现了它们的目标——蛴螬虫。

第2天

“线虫们蠕动着，侵入蛴螬虫体内，然后迅速地散开，各自去找寻美食。”**（第22页）**

一旦感染期的幼年线虫找到它们的目标昆虫，就会沿着二氧化碳的踪迹，进入昆虫的呼吸孔，然后进入它的血液中。许多线虫可以进入同一只昆虫。

“内玛使劲地把体内的共生菌排了出去。”**（第23页）**

“‘先开动啦！大家尽情享用美餐吧！’共生菌大声宣布。他们大口地吞掉蛴螬虫的血糖，直到准备分裂。他们一次又一次地繁殖。最后，到处都是共生菌。”**（第24页）**

一旦进入蛴螬虫体内，线虫就会蜕掉外面的保护层，把共生菌乘客释放到蛴螬虫的血液中。然后，等待共生菌大吃大喝，繁衍生息，变得成群结队。

第3天

“他们释放出一波又一波的化学物质，这些化学物质在蛴螬虫周围迅速扩散，形成了一个有毒的防护罩。”**（第26页）**

“共生菌释放出消化液，分解蛴螬虫体内的组织，直到他们在美味的浓汤里游动。”**（第27页）**

成群的共生菌，释放出一种致命的化学混合物，杀死蛴螬虫，在尸体周围形成一个化学屏障。共生菌接着产生一种消化酶（活性蛋白），把蛴螬虫的内脏变成营养汤，供线虫享用。

第4天

“现在，内玛长大了，她的激素水平也发生了变化。托达依然陪在她身边。他们转到一起，互相缠绕。他们已经准备好生宝宝了。”**（第29页）**

现在死去的蛴螬虫体内食物充足，线虫很快变成成虫，并且开始繁殖。交配后，雄性成虫就死了，不久之后，雌性成虫（如内玛）产下数百个卵，然后也死去。这些死去的线虫的尸体，不久后会被它们的孩子吃掉。

第6—8天

“内玛的孩子们吃啊吃，长啊长，然后他们又有了自己的孩子，这些孩子全靠喝蛴螬虫浓汤和吃共生菌长大。”**（第31页）**

在这个阶段，线虫宝宝们吃得越多越好，长得越快越好。同时，共生菌遵守了它们的诺言，完成了它们的使命，许多共生菌都成了小线虫的食物。

“现在，蛴螬虫体内满是线虫，大部分共生菌都被吃掉了。”**（第31页）**

两代线虫在蛴螬虫体内大吃大喝，并且繁殖，生产了数千条线虫。新一代的年轻线虫没有直接长大为成虫，它们感觉到食物正在耗尽，于是在中间阶段停止了生长，这时的它们被称为感染期幼虫。

第9天

“线虫一个接一个地张开嘴巴，吞下共生菌。但这次共生菌可不是他们的食物。相反，每条线虫都会在肠道里缠绕一个特殊的口袋，而共生菌就在那里定居，很安全。”**（第32页）**

在离开死亡的昆虫宿主之前，每个感染期幼虫必须完成两项任务：

（1）吞下一小群共生菌，将它们安全地储存在肠道内的特殊口袋里。

（2）长出一种特殊的、富含脂肪的角质层，好在穿越土壤时，保护柔软的身体。

第1天
第2天
第2天
第3天
第4天
第6—8天
第9天
第9天

术语表

藻类

“藻类”一词可描述许多种类的小型光合生物。大多数藻类可见于淡水或咸水环境中；然而，有些藻类能够在树干、动物皮毛、雪地或土里生存。大多数微小的单细胞藻类能独立生活，或者在小群体中生活。一些藻类也与其他生物有共生关系，比如和其他非光合生物，像珊瑚、原生动物和地衣真菌形成共生关系。

细菌

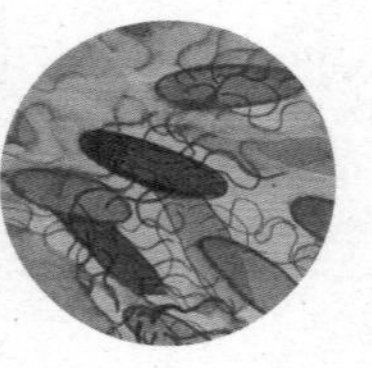

细菌是最小的单细胞生命形式。它们通常约有1至2微米长（1毫米等于1000微米）。科学家们已经区分出数千种细菌，但人们认为可能有数百万种——只是目前我们还不知道它们。细菌的形状和大小各不相同，包括杆菌（杆状）、球菌（球形）、螺旋菌（螺旋状）和弧菌（逗号状）。

腐殖质

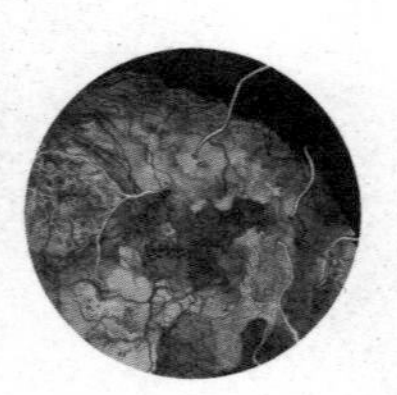

一个常用的但不太容易理解的术语，指小的黑色的土壤胶体物质，含有以矿物质和有机物为生的微生物群落。

真菌

在植物、动物之外，真菌有自己的界。真菌最初被归类为植物，但它们与动物的基因关系更为密切。在土壤中，大多数真菌释放消化酶（活性蛋白）分解有机物。许多真菌与其他生物形成共生关系，如植物（菌根）和藻类（地衣）。许多真菌，比如酵母，人类是看不到的，因为它们的细胞太小了（非常微观）。还有一些真菌结构，如蘑菇，它地下的菌丝体我们是看不到的，菌丝体成熟后形成子实体，只有子实体长出地面后我们才能看到。

捕食性真菌

土壤真菌根据其获取能量的方式不同，可分为三大类：分解者、菌根菌和寄生菌。

分解者与细菌合作，通过分解枯叶、枯木等死去的有机物，来获取能量。

菌根菌通过与植物根系的共生关系，来获取能量。

寄生菌则通过攻击其他生物获取能量。

在这个故事中，捕食性真菌捕获了一条线虫，证明了这一点。

微生物

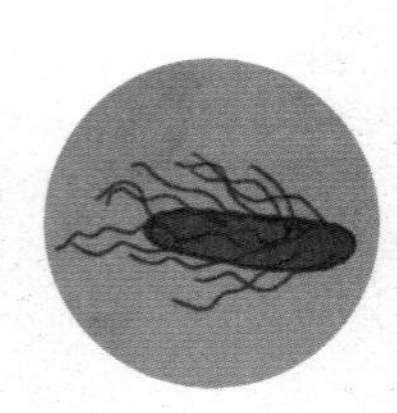

微生物指各种微小的生命。如细菌、真菌、古生菌、病毒和原生动物等。

矿物

矿物是一种天然的无机固体，具有明确的化学和晶体结构。相比之下，岩石就是由不同的矿物组成的。科学家根据矿物所包含的化学物质、硬度或晶体结构等一系列特征，划分了5000多种矿物类型。地壳中最常见的矿物是长石和石英。

地球上的矿物多种多样，这是在过去的40亿年里，不同的微生物经过新陈代谢（也叫生物矿化）产生的。许多矿物质是植物和土壤生物的养分，可以帮助它们生存和生长。

螨虫

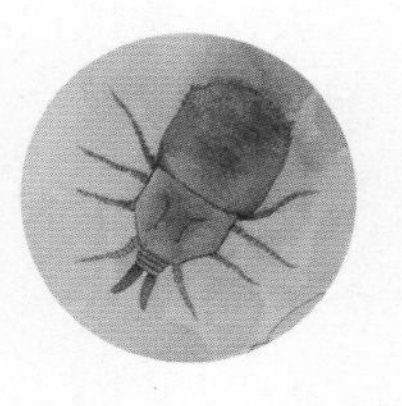

一种小型蛛形纲动物，与蜘蛛、蜱和蝎子关系密切。科学家估计地球上有超过一百万种螨虫。螨虫有不同的生活方式，几乎在所有的土壤和水栖地，都能找到它们的身影。

许多螨虫是分解者，以死去的动植物为食，比如以人类脱落的皮肤、毛发为食的尘螨。

有些螨虫是掠食性的，以较小的生物（如线虫）和原生动物为食。

有些螨虫是寄生性的，例如蜂螨，它可以侵染并破坏整个蜂群。

线虫

线虫也被称为圆虫，它的名字来源于希腊语，是表示“线”与“物种”的词语组合。据测量，一些线虫长达1米。不过，大多数线虫是微小的，生活在较小的生物体上，如藻类、真菌、原生动物、古生菌和细菌。

蛔虫、钩虫、蛲虫和鞭虫等线虫都是人体寄生虫，名声坏极了。然而，许多线虫食用和排泄较小的生物（它们每分钟可以吃掉5000个细菌），也有至关重要的作用，在生态系统中，几乎所有的营养循环利用，都少不了它们。

原生动物

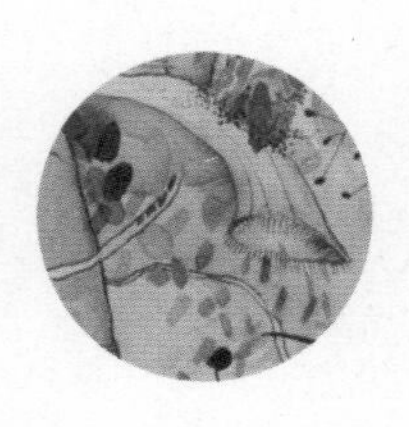

原生动物是单细胞生物，通常存在于淡水、咸水和潮湿的土壤中。原生动物（Protozoa）这个名字来源于希腊语protos（第一）和zoa（动物），意思是原始动物。虽然它们的移动能力像动物，但它们既不是动物，也不是植物。科学家们通常根据它们的运动方式进行分类。

鞭毛虫借助像鞭子一样的结构——鞭毛移动；变形虫利用叫伪足的足状结构移动。纤毛虫被小“手臂”（纤毛）覆盖，用纤毛移动，纤毛还能把猎物扫进嘴里。

大多数原生动物是自由生活的，它们一生都在吃比自己更小的细菌、古生菌和藻类。然而，一些原生动物也会进入更大的生命体内，和它共生。其中一些是寄生性的，比如疟原虫，它寄生在人类的血液中，会导致疟疾。其他的如披发虫，寄生在白蚁的肠道中，帮助白蚁分解食物中的木质纤维。

缓步动物

缓步动物这个名字来自意大利语，意思是慢行者。缓步动物是一种微型动物，通常长约1毫米，有8条腿和8个爪子。缓步动物中有代表性的是水熊虫，也被称为苔藓小猪，因为它们喜欢潮湿的环境，如苔藓或地衣。许多缓步动物有一个坚硬的管状嘴巴，被称为口针，可以刺穿植物、藻类和小型无脊椎动物，并吃掉它们。有些缓步动物喜欢吃微小的原生动物、古生菌和细菌。

缓步动物是最难对付的动物之一，它们能够承受极端条件，如高压和辐射、高温和低温、脱水和饥饿，换作别的动物，早就死翘翘啦。

分子

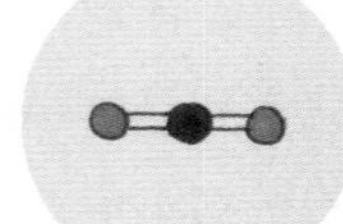

分子是由两个或多个原子通过化学键结合而成的。有些分子又小又简单，如氧分子（O_2）和水分子（H_2O）。有些分子则很大很复杂，如DNA。

创作团队

布里奥妮·巴尔

概念艺术家

自由标度网络艺术总监兼联合总监

布里奥妮利用她的技巧，对微观世界进行科学探索，使复杂的生态系统和看不见的世界可视化。

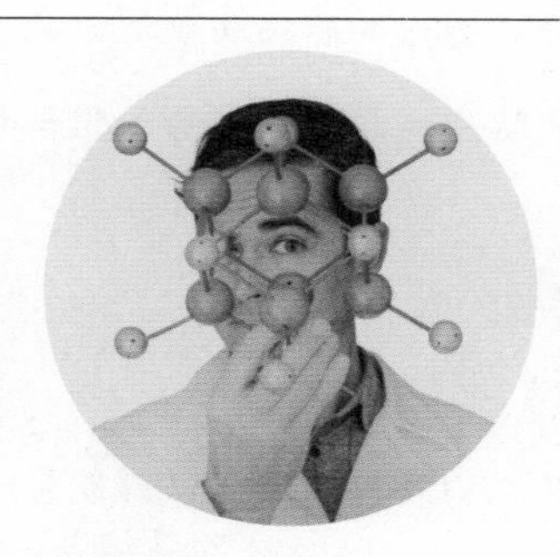

格里高利·克罗塞蒂博士

微生物生态学家

自由标度网络科学总监兼联合总监

格里高利将微生物学和科学教育技能相结合，告诉人们微生物是多么了不起。

阿维娃·里德

插画家、艺术家、视觉生态学家

阿维娃通过绘画和装置艺术，探索复杂的科学领域。

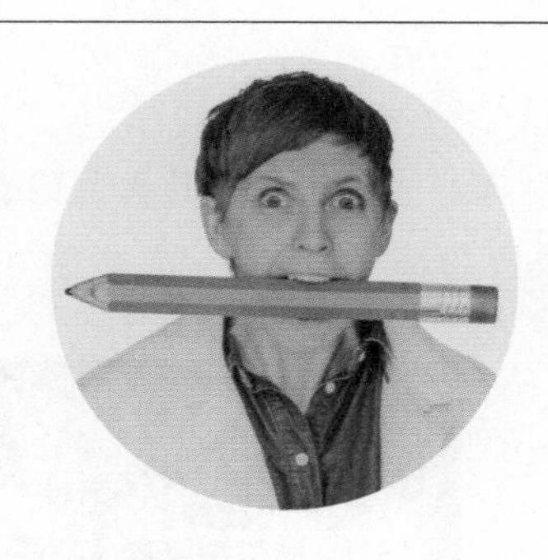

艾尔莎·怀尔德

作家

艾尔莎创作戏剧和图书故事。她喜欢与演员、科学家和儿童合作。

她最喜欢的问题：但是，这是为什么呢？

马托·卢卡斯　摄

我的微生物朋友系列（共4册）

本系列讲述的是微生物和更大的生命体之间的共生关系。

每一个故事，都是由核心创意团队在科学家、老师和学生的支持和反馈下共同完成的。

《我的微生物朋友：海洋的秘密》

一个关于短尾乌贼与费氏弧菌共生的故事，这种弧菌能帮助乌贼在月光下发光。

《我的微生物朋友：土壤里的王国》

一个关于在黑暗的土壤中生活的微生物的故事，一棵树痛苦地呼救，一些意想不到的英雄前来营救。

《我的微生物朋友：珊瑚的世界》

这本插图精美的科学冒险书，讲的是以大堡礁为背景，关于珊瑚白化的故事。本书由大堡礁上最小的生物为您讲述。

《我的微生物朋友：真菌地球》

一个关于真菌如何塑造地球的故事，由一个微小的真菌孢子讲述。

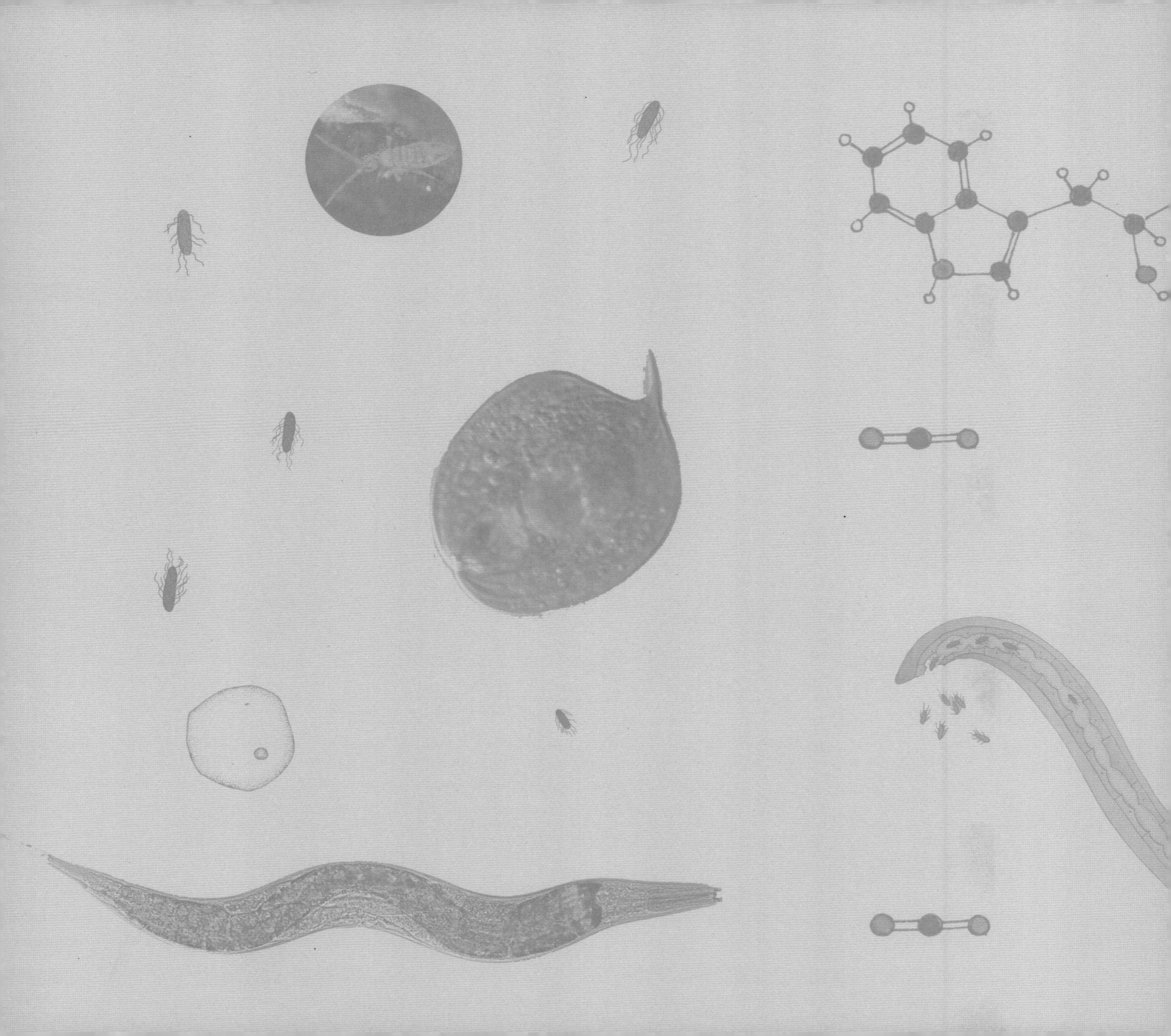